现代智能控制实用技术丛书

Modern intelligent control practical technology Series

传感技术与智能传感器的应用

苏遵惠　编著

机械工业出版社

《现代智能控制实用技术丛书》共分为 4 本，其内容按照信号传输的链条，即由传感器、调制与解调、信号的传输与通信技术和智能控制系统的应用组成。

本书系统地对传感技术和传感器的概念、智能传感器的发展历史和发展趋势、传感器的分类进行了介绍；并对常用传感器的工作原理、组成、特点、功能和应用场合进行了剖析；此外，对热敏传感器、光敏传感器及传感器在电动汽车上的应用进行了详细阐述与讨论。

本书可作为大专院校或高等院校智能控制类相关专业的教材或教学参考书籍，也可供智能控制设计、制造、应用企业的科技工作者作为参考资料。

图书在版编目（CIP）数据

传感技术与智能传感器的应用／苏遵惠编著.
北京：机械工业出版社，2024.11. -- （现代智能控制实用技术丛书）. -- ISBN 978-7-111-76663-6

Ⅰ. TP212

中国国家版本馆 CIP 数据核字第 20249GT202 号

机械工业出版社（北京市百万庄大街 22 号　邮政编码 100037）
策划编辑：江婧婧　　　　　　　责任编辑：江婧婧　刘星宁
责任校对：梁　园　陈　越　　　封面设计：王　旭
责任印制：常天培
固安县铭成印刷有限公司印刷
2024 年 11 月第 1 版第 1 次印刷
169mm×239mm · 9.5 印张 · 183 千字
标准书号：ISBN 978-7-111-76663-6
定价：79.00 元

电话服务　　　　　　　　　　网络服务
客服电话：010 - 88361066　　机 工 官 网：www.cmpbook.com
　　　　　010 - 88379833　　机 工 官 博：weibo.com/cmp1952
　　　　　010 - 68326294　　金 书 网：www.golden-book.com
封底无防伪标均为盗版　　　机工教育服务网：www.cmpedu.com

丛书序

　　自动控制、智能控制、智慧控制是相对 AI 控制技术的普遍话题。在当今的生产、生活和科学实验中具有重要的作用，这已是公认的事实。

　　在控制技术中离不开将甲地的信息传送到乙地，以便远程监测（遥测）、视频显示和数据记录（遥信）、状况或数据调节（遥调）和智能控制（遥控），统称为智能控制的四遥工程。

　　所谓信息，一般可理解为消息或知识，在自然科学中，信息是对这些物理对象的状态或特性的反映。信息是物理现象、过程或系统所固有的。信息本身不是物质，不具有能量，但信息的传输却依靠物质和能量。而信号则是信息的某种表现形式，是传输信息的载体。信号是物理性的，并且随时间而变化，这是信号的本质所在。

　　一般说来，传输信息的载体被称为信号，信息蕴涵在信号中。例如，在无线电通信中，电磁波信号承载着各种各样的信息。所以信号是有能量的物质，它描述了物理量的变化过程，在数学上，信号可以表示为关于一个或几个独立变量的函数，也可以表示随时间或空间变化的图形。实际的信号中往往包含着多种信息成分，其中有些是我们关心的有用信息，有些是我们不关心的噪声或冗余信息。传感器的作用就是把未知的被测信息转化为可观察的信号，以提取所研究对象的有关信息。

　　为达到以上目的，必须将原始信息进行必要的处理再转换成信号。诸如信息的获得，将无效信息进行过滤，将有效信息转换成便于传输的信号，或放大为必要的电平信号；或将较低频率的原始信息"调制"较高频率的信号；或为了满足传输，特别是远距离传输的要求，将原始模拟信息进行数字化处理，使其成为数字信号等。这就是智能控制发送部分的"职责"——信息的收集与调制。

　　然后，将调制后的信号置于适用的、所选取的传输通道上进行传输，使调制后的信号传输至信宿端——乙地。当然，调制后的信号在传输过程中由于受到传输线路阻抗的作用，使信号衰减；或受到外界信号的干扰而使信号畸变，则需要在经过一段传输距离后，进行必要的信号放大和（或）信号波形整形，即加入所谓的"再生中继器"，对信号进行整理。

　　在乙地接收到经传输线路传送来的信号后，一般都需要进行必要的"预处

IV

理"——信号的放大或（和）波形整形，然后进行调制器的反向操作"解调"，即，将高频信号或数字信号还原成原始信息。将原始信息通过扬声器（还原的音频信号）、显示器（还原的图像或视频信号）、打印（还原的计算结果）或进行力学、电磁学、光学、声学等转换，对原始信息控制目的物进行作用，从而达到智能控制的目的。

本套丛书就是对智能控制系统中各个环节的一些关键技术的原理、特性、基本计算公式和方法、基本结构的组成、各个部分参数的选取，以及主要应用场合及其优势和不足等问题进行讨论和分析。

智能控制系统的主要部分在于：原始信息的采集和有效信息的获取——"传感器"，也被称作"人类五官的延伸"；将原始信息转换成传输线路要求的信号形式——"调制器"，也是门类最多、计算较为复杂的部分；传输线路技术——诸如，有线通信的"载波通信线路技术""电力载波通信线路技术""光纤通信线路技术"，无线通信的"微波通信技术""可见光通信技术"及近距离、小容量的"微信通信技术""蓝牙通信技术"等。还包括未来的通信技术——"量子通信技术"等，对其基本原理、基本结构、主要优缺点、适用场合及整体信息智能控制系统做一些基础性、实用性的技术介绍。

对于信息接收端，主要工作在于对调制后的信号进行"解调"，当然包括对接收到的调制信号的预处理，并按照信号的最终控制目的，将信号逆向转换成需要的信息，使之达到远程监测、视频显示和数据记录、状况或数据调节和智能控制的目的。

本套丛书则沿着"有效信息的取得""有效信息的调制""调制信号的传输""调制信号的解调"及"智能控制系统的举例应用"这一线索展开，对比较典型的智能控制系统，应用于实践的设计计算及控制的逻辑关系进行举例论述。

本套丛书分为 4 本，包括《传感技术与智能传感器的应用》《信号的调制与解调技术》《信息的传输与通信技术》和《智能控制技术及其应用》。

本套丛书对于现代智能控制实用技术不能说是"面面俱到"，但基本技术链条比较齐全，涉及面也比较广，但也很可能挂一漏十。书中的主要举例都是作者在近 30 多年的实践中，通过学习、设计、实验、制造、使用，得到验证的智能控制范例。可以将本套丛书用于对智能控制基础知识的学习，作为基本智能控制系统设计的参考。本套丛书虽然经历了 10 多年的知识积累，但仍然觉得时间仓促，加之水平有限，错误与疏漏之处再所难免，恳请读者批评指正。

苏遵惠
2024 年 5 月于深圳

前　言

智能控制技术始于有效信息的收集与能量转换，传感技术是担当这些"使命"的前沿技术，而传感器就是完成这些"使命"的关键器件。

在控制系统中，传感技术同计算机技术、通信技术一起被称为信息技术的三大支柱。特别是在现代科技领域，传感技术的水平更是衡量一个国家信息化程度的重要标志。

传感技术是从自然信源中获取我们需要的信息，并对其进行识别和处理的一门多学科交叉的现代科学与工程技术，它涉及传感器、信息识别和处理的规划设计、开发、制造、测试、应用、评价及进一步改进。

传感器可以感知周围环境及环境变化，或者特殊物质的特性（如力和速度、加速度的感知，光线强弱和相关色温的感知，温度、湿度及变化的感知，声音强弱和频率的感知，甚至相当于人体味觉或嗅觉或触觉的感知等）。把这些连续分布的模拟信号转换成电信号、磁信号或数字信号，传输给中央处理器进行处理，最终结果形成各种感知的数据参数，或显示出来，或用以控制人们需要控制的设备或部件，实现代替人们繁重的体力劳动或繁杂的脑力劳动的目的。

这就是本书需要介绍的传感技术和品种繁多的智能传感器的特性、特点，以及各自的应用范围。并抛砖引玉地介绍了常用智能传感器在现实生活、生产和科学实验中的应用，例如，光敏传感器的应用、热敏传感器的应用，以及多种传感器在汽车电子控制系统中的应用。

传感技术和智能传感器从人类的远古时期一路发展而来，经历机械化时代、电气化时代和智能时代的一步步发展，伴随着其他科技的高速发展，也正向着多功能系统化、传感硬件与软件相结合的微型化、复合式的集成化，以及适用于特殊极端环境（如高温、高压、水下、耐腐蚀、抗辐射）的特种传感器方向发展。为了满足工业制造控制、农业生产控制、服务业自动化等通用需要，还正向着更高性价比的方向发展。

苏遵惠

2024 年 5 月

目 录

第一章

传感器概述

第一节　定义与作用

一、传感器的概念

传感器（transducer 或 sensor，简称为"TR"或"SE"）是一种检测装置，能感受到被测量的信息，并能将感受到的信息按一定规律转换成电信号或其他所需形式的信息输出，以满足信息的处理、传输、存储、显示、记录和控制等要求。在现代智能控制技术中，传感器在一定程度上起着延伸或替代人类五官的作用。

现代传感器的特点包括微型化、数字化、智能化、多功能化、系统化、网络化。它是实现自动检测和自动控制的首要环节。从感知力、热、光、电、磁、声的传感器，到感知触觉、味觉和嗅觉等的传感器，传感器的存在和发展让物体慢慢变得活了起来。通常根据传感器的基本感知功能，可以分为热敏元件、光敏元件、气敏元件、力敏元件、磁敏元件、湿敏元件、声敏元件、放射线敏感元件、色敏元件和味敏元件共十大类。图1-1 所示为光照度传感器。

图1-1　光照度传感器

二、传感器的定义与作用

（一）传感器的定义

GB/T 7665－2005 对传感器的定义是："能感受被测量并按照一定的规律转换成可用输出信号的器件或装置，通常由敏感元件和转换元件组成"。

"传感器"在新韦式大词典中的定义是："从一个系统接受功率，通常以另一种形式将功率送到第二个系统中的器件"。

在最广泛的定义中，传感器是一种设备、模块或子系统，其目的是检测环境中的事件或变化，并将信息发送给其他电子设备（通常是计算机处理器）。传感器总是与其他电子设备一起使用。

传感器的存在和发展，"让物体有了触觉、味觉和嗅觉等感官，让物体慢慢变得活了起来"。

（二）传感器的主要作用

人们为了从外界获取信息，必须借助于感觉器官。而单靠人们自身的感觉器官，只能是定性的感觉，如照明的"亮或暗""色温的高或低"等。在研究自然现象和规律以及生产活动中，它们的功能就远远不够了。为了适应这种情况，就需要传感器对自然现象予以量化，而且其结果应该是"定值的"和"可重复得到的"。因此可以说，传感器是人类五官的延伸，并且是更加精准、可数字化的延伸，所以又称为"电五官"。

随着新技术革命的到来，世界开始进入信息时代。在利用信息的过程中，首先要解决的就是如何获取准确可靠的信息，而传感器是获取自然和生产领域中信息的主要途径与手段。

在现代工业生产尤其是自动化生产过程中，要用到各种传感器来监视和控制生产过程正常与否、监视和控制相关参数是否在指标要求范围内等，从而在一定条件下，使设备工作在正常状态或最佳状态，并使产品达到最优的品质。因此可以说，没有众多的现代化传感器，现代化生产就失去了基础。

在基础学科研究中，传感器更具有突出的地位。现代科学技术的发展进入了许多新领域，例如，在宏观上，要观察上千光年的茫茫宇宙；在微观上，要观察小到飞米（femtometer，fm，长度单位）的粒子世界；在纵向上，要观察长达数十万年的天体演化，以及短到微秒（μs）内微粒的瞬间反应。此外，还出现了对具有重要作用的各种尖端技术的探讨和研究，如超高温、超低温、超高压、超高真空、超强磁场、超弱磁场等。显然，要获取大量精准的数据信息，通过人类感官是无法直接获取和判断的，需要传感器来实现。

许多基础学科研究的障碍，首先就在于对象信息的获取存在困难，而一些新机理和高灵敏度的检测传感器的出现，往往会导致该领域内关键技术的突破。一些传感器的发展，往往是一些边缘学科和交叉学科开发的先驱。

传感器早已渗透到诸如工业生产、宇宙开发、海洋探测、环境保护、资源调查、医学诊断、生物工程、甚至文物保护等极其广泛的领域。可以毫不夸张地说，从茫茫的太空，到浩瀚的海洋，以至各种复杂的工程系统，几乎每一个现代化项目，都离不开对各种各样的传感器的开发与应用。由此可见，传感技术在发展经济、推动社会进步方面的重要作用是显而易见的。世界各国都十分重视这一领域的发展。相信不久的将来，传感技术将会出现新的飞跃，达到与其重要地位相匹配的新水平。

第二节　传感器的工作原理

一、一般组成

传感器一般由敏感元件、转换元件（传感元件）、变换电路（信号调制与转换电路）和辅助电路四部分组成，其结构原理如图1-2所示。

（一）敏感元件

敏感元件能直接感受被测量，并按规律转换成与被测量有确定关系的其他量的元件。敏感元件直接感受被测量，并输出与被测量有确定关系的物理量信号。

（二）转换元件

转换元件又称传感元件或变换器，是一种能将敏感元件感受到的非电量直接转换成电量的器件。转换元件将敏感元件输出的物理量信号转换为电信号。

（三）信号调制与转换电路

信号调制与转换电路是能把传感元件输出的电信号转换为便于显示、记录、处理和控制的有用电信号的电路。常用的电路有电桥、放大器、变阻器、振荡器等。转换电路负责对转换元件输出的电信号进行放大调制。

（四）辅助电路

辅助电路通常包括辅助电源等。转换元件和转换电路一般还需要辅助电源供电。

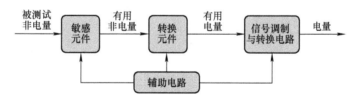

图1-2　传感器的一般组成结构原理

二、工作原理

首先以"弹性轴受扭力矩的传感器"为例进行说明，如图1-3所示，其传感器的工作原理是，当弹性轴受扭力矩时，应变桥检测得到的mV级的应变信号通过仪表放大器放大成 $1.5 \pm 1V$ 的强信号，再通过"电压/频率（V/F）转换器"转换成频率信号，通过信号环形变压器从旋转的一次绕组传递至静止的二次绕组，再经过外壳上的信号处理电路滤波、整形，即可得到与弹性轴受的扭矩成正比的频率信号，既可提供给专用二次仪表或频率计显示，也可直接送计算机处理。

可见，传感器是一种检测装置，能感受到被测量的信息，并能将接收到的信息按一定规律转换成电信号或其他所需形式的信息输出，以满足信息的传输、处理、存储、显示、记录和控制等要求。

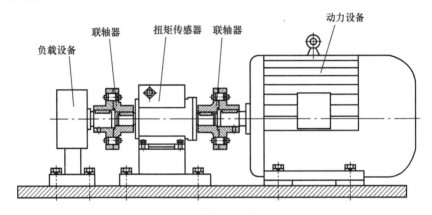

图 1-3 扭矩传感器水平安装测试示意图

第二章

传感器的发展历史

第一节 概　　述

　　人类从诞生至今，就一直锲而不舍地感知、思考和改造世界、完善自我。传感器是人类感知万事万物的测量工具，是人类改造世界画龙点睛的关键科技之一。形象地说，传感器是人类唤醒和看清万事万物的"耳朵"和"眼睛"，物联网就像感知世界的"通灵师"，实现人和物体"对话"、物体和物体之间"交流"。2014年，《福布斯》杂志就报道了，今后几十年内，影响和改变世界经济格局和人们生活方式的10大科技领域，其中，传感器名列10大领域之首，它是一切数据获取的基础设施。而当先进传感器的应用达到一定规模时，往往标志着一个新时代的到来。

　　科技，让人类的能力圈不断扩大。如果说，机械延伸了人类的体力，计算机延伸了人类的智力，那么，无处不在的传感器，大大延伸了人类的感知力。传感器是一个非常传统的常用词汇，大家在各种词典中可以轻松找到，英文称为Sensor或Transducer。"传感器"在新韦式大词典中的定义是："从一个系统接受功率，通常以另一种形式将功率送到第二个系统中的器件"。根据这个定义，传感器的作用是将一种能量形式转换成另一种能量形式，所以，不少学者也用"换能器－Transducer"来称谓"传感器－Sensor"。其实，传感器并不神秘，一直存在于日常生活中，小到遥控器（超声波、光控）、麦克风（声控）、台灯（光控）、手机按钮（压控），大到锅炉检测、电网传输、医疗器械诊断等，覆盖大大小小不同的场景，也可以这样说，传感技术和传感器是当今工业产品中必不可少的一部分。

　　简单来说，传感器就是一种检测装置，通常由敏感元件、转换元件、信号调制与转换电路，以及辅助电路组成，可以测量信息，也可以让用户感知信息。通过不同的转换方式，将传感器中的数据或价值信息转换成电信号或其他所需形式的输出，以满足信息的记录、存储、显示、处理、传输和控制等要求。

从这个意义上来看，传感器就是人类感官（视觉、听觉、嗅觉、味觉和触觉器官）创造性地延伸到数字感官，是人类为了更广泛、更深层地探索感知现实世界中那些超出人类基本感觉功能所及的事物的自然属性和运行规律，而发明和制作的一些灵巧可靠的器具，可以获得更易于被人类识别和理解的定性、定量认知。

传感器作为当今尖端的技术之一，已成为最具发展前景的工业技术。20世纪80年代初期，美国就建立了一个全国性的技术团队，促进全国传感器技术的发展；日本在六项关键技术中，把传感器技术列为国家重点发展技术之首；英、法、德等国在高科技发展的规划中，都把传感器作为重点发展的技术，并将其研究成果、生产技术、制造设备纳入核心技术行列。《福布斯》杂志早就预测，未来十年，传感器产业将会对全球经济和人民生活产生巨大影响。传感器是人类感知世界的一种手段，也是改造世界的关键技术。按照科技发展的阶段划分，可分为"远古时代开启人类传感器的雏形""机械化时代的简单传感器""电气自动化时代丰富多彩的传感器"和"现代智能化传感器"四个发展时期。而当先进传感器的应用达到一定规模时，往往标志着一个新时代的到来。中国是具有悠久历史的古国之一，也是世界上最早开创原始"传感器具"的国家。从仰韶文化时期发明的陶质量具开始，继而有商代骨尺、楚墓天平、日晷仪、地动仪等一系列最早的度量衡传感器问世，为世界传感器文明留下了浓重的传感文化。

第二节　传感器发展的四个阶段

一、远古时代开启人类传感工具的雏形

第一阶段为人类出现至公元200年前后传感器的发展历程。

在这个阶段，传感器雏形是伴随人类开始使用简单的生产工具而产生的初级"度量衡器具"。具体体现在如下具有代表性的测量工具上：

（一）指南车

指南车被公认为是史料记载最早的传感器。指南车（见图2-1）又称司南车，相传于公元前2700年中国的轩辕黄帝发明了指南车，轩辕黄帝用指南车在大雾中辨别方向，打败了蚩尤。这是人类历史上最早辨别方向的传感器的应用。

图2-1　指南车

（二）度量衡器具的产生

1. 陶质量具

在甘肃大地湾出土的，距今5000年前的仰韶文化晚期房 F901（考古编号）

中的一组陶质量具，是迄今为止我国乃至全世界发现最早的量器。主要有泥质槽状条形盘、夹细砂长柄麻花耳铲形抄、泥质单环耳箕形抄、泥质带盖四把深腹罐等。

其中，条形盘的容积约为 264.3cm³；铲形抄的容积约为 2650.7cm³；箕形抄的容积约为 5288.4cm³；深腹罐的容积约为 26082.1cm³。由此可以看出，除箕形抄是铲形抄的 2 倍外，其余三件的关系都是以 10 倍数递增。为了与古代量具名称相贴切，将其相应容量的名称上冠以升、斗、斛之称谓，即可称为条升、抄斗、四把斛等。同时，这些度量衡器具的发现也为研究我国古代度量衡史以及十进制的起源等，提供了非常珍贵的实物资料。图 2-2 所示为中国古代度量衡器具。

图 2-2　中国古代度量衡器具

a）彩陶量具　b）古铜方升（量具）　c）古铜斗（量具）　d）古铜权（衡器）

2. 骨尺

河南安阳出土的商代（公元前 1600 ~ 1046 年）骨尺是目前中国所见最早的长度测量工具。骨尺（见图 2-3）长 23.7cm、宽 1.6cm、厚 0.1cm。以圆圈为尺星，刻度精细准确，是实用器具。长度合汉尺一尺[○]。

3. 最早的天平

在长沙左家公山 15 号战国楚墓发掘出的战国时期的天平是中国最早的天平。天平用一根长 27cm 的木杆，木杆正中的孔内穿一根丝线为提钮。距离木杆两端内侧 0.7cm 处

图 2-3　骨尺

各有内穿丝线的穿孔，系两个直径 4cm 的铜盘。铜质环形砝码共大小九个，重量近似于依次减半，最大的重 125g，最小的重 0.6g。此套天平砝码是目前保存较完整的战国时期楚国衡制的重要实物资料。图 2-4 所示为中国最原始的天平（衡器）。

───────────

○　1 尺 = 0.333 米。

图 2-4　中国最原始的天平（衡器）

（三）天文地理测量仪的发明

1. 日晷仪

最早出现在西周的日晷仪（见图2-5），是古人观测日影并记录时间的仪器，根据日影的位置来指定当时的时辰或刻数，是我国古代较为普遍使用的计时仪器，即时间传感器。

2. 地动仪

地动仪为最早的振动传感器，公元132年，东汉张衡发明的地动仪是世界上第一架观测地震的仪器，英国李约瑟将其称为"地震仪的鼻祖"。

地动仪（见图2-6）有东、南、西、北、东南、西南、东北、西北共八个方位，每个方位上均有含龙珠的龙头，在每个龙头的下方都有一只蟾蜍与其对应。任何一方如有地震发生，该方向龙口所含龙珠即落入蟾蜍口中，由此便可测出发生地震的方向。

图 2-5　日晷仪

图 2-6　地动仪

二、机械化时代传感工具的产生

第二阶段为1500～1870年前后传感器的发展历程。

空气温度计——世界上最早的温度传感器，是这个时期代表性的传感器。并且起到带动传感器兴起的"领头羊"的作用。

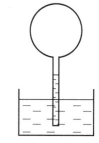

意大利科学家伽利略在1593年发明制造了第一个验温器——空气温度计，他试图把不确定的冷热感觉转变为对物体热状的客观表述。这是一个连接在玻璃球容器上的开口管子，将玻璃球预热或装入一部分水后倒放进水里，水在管子里上升的高度随玻璃球中气体的冷热程度引起的胀缩情况而变化。这种仪器因受到气压波动的影响，测量不是很准确，而且使用起来也不方便，但它是温度量度的起源传感器。随之发明的机械式检测工具和机械式传感器大量涌现。图2-7所示为空气温度计装置示意图。

图2-7 空气温度计装置示意图

三、电气化时代传感器的蓬勃发展

第三阶段为1870年前后~2009年期间传感器的发展历程。

18世纪60年代，人类开始了工业革命，并创造了巨大的生产力，随着蒸汽机的发明和应用，人类进入"蒸汽时代"。100多年后，人类社会生产力发展又有一次重大飞跃，人们把这次变革叫作"第二次工业革命"，人类由此进入"电气时代"。

一方面，汽车的问世是第二次工业革命应用技术上的重大成就，引起了交通运输领域的革命性变革，随后，以内燃机为动力的内燃机车、远洋轮船、飞机等也不断涌现出来；另一方面，内燃机的发明推动了石油开采业和石油化学工业的产生和发展。随着大量先进交通工具和电器的使用，传感器成为不可或缺的关键性配套器件，而且在这些交通工具和电器的制造和生产过程中，传感器的需求种类和数量急剧增加，大大促进了先进传感器技术的发展。

（一）铂电阻温度计

1876年，德国的西门子制造出第一支铂电阻温度计（见图2-8），是最早输出电信号的传感器。从此传感器真正进入与电子电路接轨的时代。

（二）结构型传感器

结构型传感器是这一阶段传感器的代表，是促使传感器成为工业批量生产的第一代传感器，其通过测量元件结构参数的改变来实现对信号的感知和转换，如电阻应变传感器等。

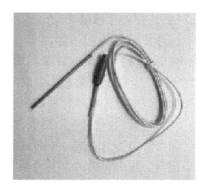

图2-8 铂电阻温度计

10

　　结构型传感器是以结构（如形状、尺寸等）为基础，利用某些物理规律来感受（敏感）被测量，并将其转换为电信号实现测量的。例如，电容式压力传感器（见图2-9），其中含有按规定参数设计并制造的电容式敏感元件，当被测压力作用在电容式敏感元件的动极板上时，会引起电容间隙的变化并导致电容值的变化，从而实现对压力的测量。这类传感器的特点在于，传感器的工作原理是以传感器中元件相对位置的变化引起电场或磁场的变化为基础，而不是以材料特性变化为基础。所有半导体传感器，以及

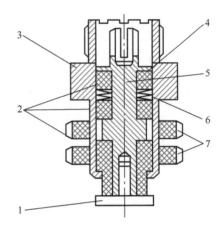

图2-9　电容式振动位移传感器结构示意图
1—平面测试端（电极）　2—绝缘衬底　3—壳体
4—弹簧卡圈　5—电极座　6—盘形弹簧　7—螺母

所有利用各种环境变化而引起金属、半导体、陶瓷、合金等特性变化的传感器，都属于结构型传感器。

（三）物性型传感器

　　物性型传感器是基于转换元件的物理特性发生变化而实现电信号转换的传感器，例如，压阻式传感器利用压阻效应使压阻系数改变；光电式传感器（见图2-10）利用光电效应使光子轰击引起物体电阻率改变；压电式传感器利用压电效应将物理量转换成电信号；热电式传感器利用热电效应来测量温度变化等。

（四）固体传感器

　　这种传感器一般由半导体、电介质、磁性材料等固体元件组成，是利用材料的某些特性制成的，是工业批量化生产的第2代传感器。

图2-10　槽式光电传感器实物图

　　例如，将温度信号转换成电压信号的传感器AD590，当测量温度在−55～150℃内，输出电流与绝对温度成比例，输出电压在4～30V电源电压范围内变化。而且输出为高阻抗，特别适合远程检测和检测后的信号传输应用；并可通过一个逻辑门输出切换，以实现多路复用。传感器AD590可测量热力学温度、摄氏温度、两点温度差、多点最低温度、多点平均温度，广泛应用于不同的温度控制场合。

以某节能型药材仓库温湿度控制系统为例，若要求库房温度低于7℃，相对湿度低于$A_1\%$RH，则采取的两种控制模式如下：

控制模式一：当库房内相对湿度高于$A_1\%$RH且库房外温度低于7℃时，控制库房内外通风。这种方式是利用库房内外湿度差进行空气交换，以达到库房内除湿的要求，其优点是高效、节能、节省资金。

控制模式二：当温度高于7℃或湿度高于$A_1\%$RH但不满足第一种情况时，系统自动开启冷冻空调机组进行库房内降温除湿。

11

传感器AD590的实物图和接线端图如图2-11a所示；在自动控制电路中的应用，如图2-11b所示。

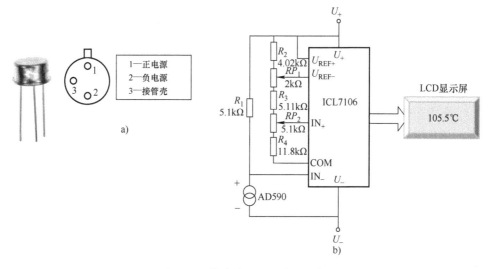

图 2-11 传感器 AD590 应用图例

a）传感器 AD590 的实物图和接线端图　b）传感器 AD590 在自动控制电路中的应用

四、智能时代传感器日新月异的发展

第四阶段为2009年至今传感器的发展历程。

本世纪以来，传感器的重大变革在于，通过网络，把物质世界连接起来，并赋予物质世界一个电子的"神经系统"，使它具有能够感知信息的生命力，而能够担当这一重任的核心就是传感器。人们将传感器基础技术及其应用称为"Sensor Revolution"，即传感器革命。使之成为新兴发展的物联网的核心基础和突破口。所以，近年来，传感器应用快速发展。

世界上已经有35000多种传感器，这些传感器涵盖了不同的领域，并且与人们的生产、生活及科学实验息息相关，具有明显的网络化、智能化、规模化等特征。

（一）无线传感器网络爆发

传感器的无线化，例如，固定电话变为手机，使之无处不在。网络化使传感器融入物联网，自动道路、智能车间、智能工厂应运而生，人工智能对传感器从量的需求，到对功能、质量和精度的要求都大为提高，这大大促进了传感器的超常规发展。

（二）传感技术在机械加工中的应用

传感技术在机械加工中的应用，体现出极为关键的价值。把传感技术和自动化的生产环节密切关联在一起，带来更为安全有效的技术监测手段，强化了机械制造产品的精度和控制力度。

在机械加工中对传感技术的科学运用，实现对机械阻抗、振动部件的参数、部件动态特点的精准测量，从数量级上增强产品的整体质量。同时，在闭环控制系统中，能够在第一时间把不正常情况反馈给控制中心，大大降低不正常情况造成的负面影响。

（三）传感器在机器人领域的应用

在传感技术日趋成熟的前提下，传感器在现代机器人技术中得到了广泛运用，这在很大程度上扩展了机电一体化技术的运用范畴。机器人表现出智能化特征，因此对于传感器技术也有着更高的要求标准。

传感器在机器人中的具体应用一般有两个层面：

其一，实现对外部信息的有效收集与检验，保证机器人能够在第一时间给予反应，从而达到反应更加准确的效果。

其二，在机器人内部传感器技术的应用。能够确保机器人控制系统的实际目标可以被完整、准确地达成。并且能够针对机器人的运行状况，随时进行自我监管，在第一时间将有用的信息传递到外部传感器中，确保机器人对外、对内统一进行相应的活动作业。

（四）传感器在工业控制中的应用

在工业控制中，传感技术在生产流水线中发挥着较大的作用，具体体现在如下方面：

1）使用传感器对机械设备相关位置的振动情况进行检测，以便工作人员及时发现和解决相关问题，保证生产过程顺利进行。

2）对工业生产过程中超精细的加工环节，以及部件测量难度相对较大的场合，使用传感器测量技术可以有效提升测量的准确度，保证部件质量符合规定要求。

3）可以对机械系统中润滑油及液压系统的油量进行监控，可有效规避油量不足的情况。

（五）传感器在环境监测中的实际应用

环境监测是一项社会基础性事业，它涉及范围广，操作起来比较困难，传感技术在环境监测中的运用，能够有效降低成本消耗，省去了现场维护的环节，具有监测精度高与时效程度高的显著特征。往往运用在气象观测、洪灾预警和森林火灾监测等工作中，能够快速实现对险情的排除，实现事半功倍的效果。

第三节 智能传感器的发展

一、智能传感器的发展现状

（一）全球智能传感器的发展概况

随着云计算、5G、大数据、AI 技术，以及物联网技术的爆发，智能传感器和智能传感技术更加被国内外高度重视，其表现为：

1）大量的可穿戴设备中，含有多种生物以及环境智能感应器，用以采集人体及环境参数，实现对穿戴者运动健康的管理，智能传感器以其更高的精度和准确性，使得设备更加可靠，如图 2-12 所示。目前，消费级传感器产品已大量进入市场，消费者现在都可以看得到、摸得着。在 Google Pixel 4 手机中，搭载了全新的雷达检测、手势操控等传感器子系统，这些都需要用到消费级传感器，配合专业的传感技术才可以实现相应的功能，还有 iPhone X 手机上的面部识别功

图 2-12 智能传感器在可穿戴设备中的应用

能，也是通过多个传感器感应并将信息传输到芯片及系统中实现的。在我国，消费级传感器几乎占据了半壁江山，今后也会通过手机等消费级设备，在 3D 地图、虚拟现实等新型场景中上升到更重要的位置。

2）除了消费级传感器，最值得关注的就是工业智能传感器产业的发展状况。与消费电子相比，工业传感器在稳定性、精度、运行安全等多方面都有更高的要求。例如，传感器在汽车工业中的应用，按照目前的发展趋势是非常有前景的一个领域，我国和外国相比，在自动驾驶汽车的规模、品牌效应、价格可比性方面的竞争力还存在相当大的差距。主要是在这方面我国起步较晚，相信在不久的将来，随着汽车智能化的进一步发展，智能传感器的应用将会更加广泛，使自动驾驶汽车的功能更加完善。图 2-13 所示为智能传感器在工业控制中的应用。

3）以现代飞行器为例，其装备了各种各样的显示系统、控制系统、发射和

接收地面的指令系统，用以保证各种飞行任务的完成。而反映飞行器的飞行参数、飞行姿态，以及发电机的工作状态的各种物理参数，均需要利用传感器进行检测。从检测结果中提取有效信息进行能量形式转换，一方面，形成显示数据或图像，提供给驾驶人员对飞行器进行操纵和控制；另一方面，传输给相应的自动控制系统，实现飞行器自动驾驶和设备的自动调节。例如，卫星系统在飞行过程中，需要

图 2-13　智能传感器在
工业控制中的应用

对飞行器的加速度、声音、温度、压力、振动、流量、应力变化等参数进行检测，其智能传感部件一般需要 2000 余件，其数量之多，要求精度之高，是十分苛刻的。甚至这些传感部件在研制过程中，也需要使用大量的传感系统对传感器进行地面实验室测试和空中模拟测试，才能确定所研制的传感部件是否达到设计性能指标和技术参数精度。

4）在当今科技的发展中，特别是在基础学科研究中，当研究领域涉及"超微观"和对宇宙天体"超宏观"的观察中，传感器更具有突出的地位和作用。例如，在横向方面，"超宏观"科技中，要观察上千光年的浩瀚宇宙；"超微观"上要观察纳米级的粒子世界。而在纵向方面，需观察长达数十万年的天体演变，短到 μs 级的瞬间反应。

5）对新物质结构的认知，开拓新能源，开发新材料、超高温、超低温、超高压、超真空、超强磁场等的研发领域，需要大量各式各样的人类感官无法获取的信息，如果没有大量的创新机理和高灵敏度的传感检测技术，是不可能实现的。而创新机理和高灵敏度的传感检测技术的出现，往往又会促进、甚至导致新兴领域的关键技术突破，成为一些边缘学科开发的先驱。

可见，传感器的发展是以人类文明发展为前提的，特别是智能传感器是以科技发展为依托而发展、以技术创新为依托而前进的。人类文明和科技发展离不开传感技术的开拓，传感技术更离不开人类文明和科技发展而独立存在。

目前，在全球传感器制造供应链中，包括研发、设计、制造、封装、测试、软件、系统应用等流程，特别是在工业高精尖的传感器中，不管从资本还是整个产业人才来看，我国在这个领域的规模依然是比较小的。传感器的技术壁垒高、开发周期长，社会资本把传感器芯片项目评为高风险，导致核心技术缺乏长期投入。依赖进口的现象还比较普遍，从研发到设计仍需要大量的资金投入与人才供给，而很多传感器制造企业都是从制造开始，做着类似代工的工作。

14

技术和产业之间需要形成比较好的正向迭代效应，落地场景越多，产品的制造就会越来越多，产业规模就能越来越大，传感器产业发展亦是如此。各个国家都在根据自己国家的需要，定向扶持一些采用新材料、新工艺、新设计技术，以制造和应用越来越多的智能传感器的企业。我国智能传感器产业还存在一些空白区域，应用需求已经明显超前于设计和制造，仍具有很大的应用市场。

社会经济的飞速发展引领科学技术不断提升，并与科学技术起着相互制约和相互促进的作用。传感器，特别是智能传感器，是信息时代下，种类、数量及质量均得到快速发展的产品，在整个测试系统和有效数据提取中发挥着巨大的作用，已经成为测量系统、监测系统、智能控制系统中的重要环节，其不仅承担着信息获取的功能，同时也影响着整体系统的安全性和稳定性，而且传感技术的发展还呈现出其独有的特点：

其一，可以说没有传感技术和智能传感器就没有现代科学技术，它是其中十分重要的一个分支，对国民经济发展起着至关重要的作用。要想基础工艺和共性技术处于世界领先的地位，就必须配置优良的工艺装备和检测仪器，尤其是智能化的工艺设备，必须注重新产品的开发和研究，从而不断提升自身市场竞争力。

其二，国家必须对智能传感技术进行可靠性研究，指定相关机构加强市场调查和分析，对传感器产品的设计、生产和管理提出指导性意见，并出台促进其健康发展的政策措施支撑，以此掌控传感器的最新动态和发展趋势，使传感器相关企业更具市场竞争力。

（二）全球智能传感器技术经济发展状况分析

1. 专利申请量及专利授权量

专利申请与授权是科研与产业发展的晴雨表（见图 2-14），2011～2020 年，全球智能传感器行业专利申请量呈现逐年增长态势，专利申请量从 2011 年的 2371 项上升到 2020 年的 18252 项；从 2021 年开始，全球智能传感器行业专利申请量有所下降，到 2022 年为 11204 项，申请比重仅为 61.4%。

同样在专利授权方面，2011～2020 年，全球智能传感器行业专利授权量逐年增长，到 2020 年，专利授权量为 10328 项，从 2021 年开始出现下降趋势，2022 年全球智能传感器行业专利授权量为 3556 项，授权比重仅为 31.74%。

专利申请量和授权量之所以在 2020 年以前逐年增长，而 2021 年以后有所下降，而且下降幅度还比较大，究其原因认为：

其一，世界各国经济状况一度低迷，科研、制造、投资、市场都受到一定的影响，故专利量也大幅下滑；

其二，相当一部分科研单位、大专院校和企业对智能传感器认知还缺乏深刻了解，更没有"打持久战"的思想准备，因为智能传感器虽然是高新技术、高产值、高利润的行业，但同时更是高投入、见效慢、而且受应用市场制约的行

16

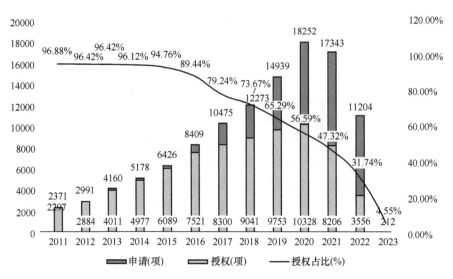

图 2-14　2011～2023 年全球智能传感器行业专利申请量及专利授权量统计图

［注：资料数据来源于智慧牙、前瞻产业研究院（以下相关数据同）］

业。在没有大量的资金投入、缺乏本专业的高科技人才、没有高科技的实验场所和设备、应用市场还缺乏一定规模的环境下，智能传感器作为应用型器件则难以见效。一般情况下，刚开始，企业满腔热情，后来因投入太大，相当一段时间内收效甚微或根本没有收益，只好退出市场。

2. 专利市场价值的评估

目前，经专利专家和传感器专家评估，全球智能传感器行业专利授权的总价值为 207.13 亿美元。专利总价值中，3 万美元以下的智能传感器专利申请量最多，为 7.48 万项；其次是 3 万～30 万美元的智能传感器专利，合计专利申请量为 3.19 万项；300 万美元的智能传感器专利申请量最少，为 1269 项。可见，尚缺乏高价值的专利。

全球智能传感器行业专利申请量 TOP10 的申请者分别是三星电子、国家电网有限公司、罗伯特·博世有限公司、乐金电子（中国）有限公司、霍尼韦尔国际公司、苹果公司、浙江大学、吉林大学、福特全球技术公司和清华大学。其中，三星电子智能传感器专利申请量最多，为 1133 项。国家电网有限公司排名第二，其智能传感器专利申请量为 954 项。图 2-15 所示为截至 2023 年 7 月，全球智能传感器行业专利市场价值分布情况。图 2-16 所示为截至 2023 年 2 月，全球智能传感器行业专利申请量 TOP10。

（三）我国智能传感器的发展和技术经济状况分析

随着我国社会经济水平的不断提升，高新技术也得到快速发展，其中，智能传感器是在新技术发展和信息化时代下的研发、应用，这标志着我国已经进入信

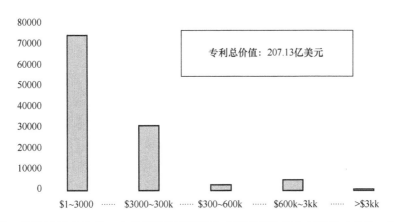

图 2-15　截至 2023 年 7 月，全球智能传感器行业专利市场价值分布情况（单位：亿美元）

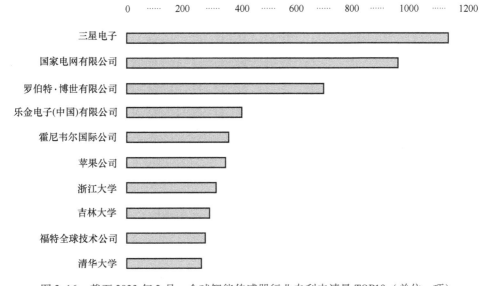

图 2-16　截至 2023 年 2 月，全球智能传感器行业专利申请量 TOP10（单位：项）

息化时代。而在利用信息的过程中，首先要解决的问题就是如何获取准确、可靠的信息。

1. 智能传感器的定义

GB/T 33905.3 – 2017 对智能传感器的定义：智能传感器是具有与外部系统双向通信手段，用于发送测量、状态信息，接收和处理外部命令的传感器。

简而言之，智能传感器是集传感单元、通信芯片、微处理器、驱动程序、软件算法于一体的系统级产品，具有信息采集、信息处理、信息交换、信息存储等功能。可见，对智能传感器的要求和进入门槛是比较高的，这也是对智能传感器的市场价值评估较低的原因之一。

我国传感器行业主要上市公司有：华工科技、中航电测、森霸传感、汉威科技、敏芯股份、四方光电、高德红外、歌尔股份、兆易创新、必创科技等。

2. 行业投融资热度不减

根据 IT 桔子（关注互联网行业的结构化的公司数据库和商业信息服务提供商）的数据，2010～2023 年，我国智能传感器行业投融资事件数量整体呈波动上升态势，2017 年我国智能传感器行业投融资事件数量为 172 起，数量为历年来的顶峰；2022 年我国智能传感器行业投融资事件数量为 115 起。总体来看，我国智能传感器行业投融资热度较高。图 2-17 所示为 2010～2023 年中国智能传感器行业投融资情况统计图。

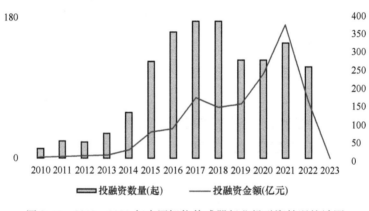

图 2-17　2010～2023 年中国智能传感器行业投融资情况统计图

从投融资金额来看，中国智能传感器投融资金额整体呈先上升后下降态势。2021 年，我国智能传感器行业投融资金额达 371.68 亿元，金额为历年来智能传感器行业投融资金额最大。

从智能传感器行业的融资轮次分析，中国智能传感器行业的融资轮次仍然处于早期阶段，以 A 轮和天使轮融资为主，2016～2023 年中国智能传感器行业发生 A 轮融资事件 239 起，天使轮融资事件 160 起，融资规模较大。可见，智能传感器行业融资情况比世界整体环境乐观一些（注：以下数据中，2023 年数据统计时间截至 2023 年 2 月 8 日）。

3. 2019 年为传感器企业注册的高峰时期

根据企业大数据查询显示，近年来，我国智能传感器行业快速发展，历年新注册企业数量呈先上升后下降态势。截至 2023 年 2 月 9 日，中国智能传感器行业注册企业共有 16875 家，其中 2019 年新注册企业数量创历史高峰，达 2762 家。2020～2022 年中国智能传感器行业注册企业数量下降，2022 年新增注册企业为 51 家；2023 年，截至 2 月 8 日，我国智能传感器行业新增注册企业仅 1 家。

　　根据企查猫（一款可以快速查询企业和企业老板工商背景信息的强大企业查询工具）的数据，目前中国智能传感器企业主要分布在长三角和珠三角等地区，特别以广东和江苏为代表。截至 2023 年 2 月，广东共有相关智能传感器企业 4451 家，江苏则有 2322 家。

4. 政策推动智能传感器的快速发展

　　近年来，国家相关部门和各省市出台多项政策，推动了我国智能传感器的快速发展，企业研发力度加大，未来国内智能传感器企业市场份额有望持续提高；技术创新趋势向小型化、微功耗及无源化和高可靠性、宽温度范围方向发展；智能传感器在物联网、汽车、医疗等领域的需求将大幅增长。表 2-1 是中国智能传感器行业出台的部分重点政策。

表 2-1　中国智能传感器行业出台的部分重点政策

时间	政策名称	主要内容
2021 年 12 月 31 日	《计量发展规划 (2021—2035 年)》	以量值为核心，提升数字终端产品、智能终端产品计量溯源能力。开展智能传感器、微机电系统（MEMS）传感器等关键参数计量测试技术研究，提升物联网感知装备质量水平，打造全频域、全时段、全要素的计量支撑能力
2022 年 1 月 12 日	《"十四五"数字经济发展规划》	瞄准传感器、量子信息、网络通信、集成电路、关键软件、大数据、人工智能、区块链、新材料等战略性前瞻性领域，发挥我国社会主义制度优势、新型举国体制优势、超大规模市场优势，提高数字技术基础研发能力。以数字技术与各领域融合应用为导向，推动行业企业、平台企业和数字技术服务企业跨界创新，优化创新成果快速转化机制，加快创新技术的工程化、产业化
2021 年 12 月 28 日	《"十四五"机器人产业发展规划》	研制三维视觉传感器、六维力传感器和关节力矩传感器等力觉传感器、大视场单线和多线激光雷达、智能听觉传感器以及高精度编码器等产品，满足机器人智能化发展需求
2021 年 12 月	《"十四五"国家信息化规划》	加快推动重大技术装备与新一代信息技术融合发展。加强新型传感器、智能测量仪表、工业控制系统、网络通信模块等智能核心装置在重大技术装备产品上的集成应用，利用新一代信息技术增强产品的数据采集和分析能力
2021 年 1 月	《基础电子元器件产业发展行动计划 (2021—2023 年)》	重点发展小型化、低功耗、集成化、高灵敏度的敏感元件，温度、气体、位移、速度、光电、生化等类别的高端传感器，新型 MEMS 传感器和智能传感器，微型化、智能化的电声器件

智能传感器的主要应用领域为消费电子（占总量的 2/3），其次为汽车电子。近年来，在市场经济政策推动下，智能传感器在物联网、汽车、医疗等领域的应用大幅增长。

5. 我国智能传感器行业区域集群基本形成

我国传感器制造行业相关企业正努力追赶国外企业，并出现区域的传感器产业集群，主要集中在长三角地区和珠三角地区，并逐渐形成了以杭州、上海、南京、深圳、广州、东莞、佛山为集群，京津地区、沈阳、西安、武汉、太原等城市为主的区域空间布局。表 2-2 是中国智能传感器行业区域集群分析表。

表 2-2 中国智能传感器行业区域集群分析表

区域	布局	现状
长三角区域	以上海、无锡、南京为中心	逐渐形成以热敏、磁敏、图像、称重、光电、温度、气敏等传感器为主体的较为完善的生产体系及产业配套
珠三角区域	以深圳中心线为中心	由深圳附近中小城市的外资企业组成的以热敏、磁敏、超声波、称重传感器为主体的传感器产业体系
东北地区	以沈阳、长春、哈尔滨为中心	主要生产 MEMS 力敏传感器、气敏传感器及湿敏传感器
京津区域	主要以相关高校为主	从事新型传感器的研发，在某些领域填补国内空白。北京已建立微米/纳米国家重点实验室
中部地区	主要以郑州、武汉、太原为主	产学研紧密结合模式，在 PTC/NTC 热敏电阻、感应式数字液位传感器和气体传感器等产业方面发展态势良好

根据企查猫的数据，截至 2023 年 2 月，广东省的智能传感器企业中，深圳共有智能传感器相关企业 3400 家，东莞则有 420 家，形成了一定的优势集群。表 2-3 是中国智能传感器骨干企业基本信息表。图 2-18 所示为截至 2023 年广东省智能传感器企业类型分布图。图 2-19 所示为截至 2022 年广东省智能传感器企业数量区域分布图。

表 2-3 中国智能传感器骨干企业基本信息表

公司名称	成立时间	业务类型	业务相关度
华工科技	1999 年 07 月 28 日	NTC 系列热敏电阻、PTC 系列热敏电阻和汽车电子	★★
中航电测	1965 年	应变式传感器	★★★★
森霸传感	2005 年 08 月 18 日	热释电红外线传感器、可见光传感器	★★★★★
汉威科技	1998 年 09 月 11 日	气体、压力、流量、温度、湿度、加速度等传感器	★★

（续）

公司名称	成立时间	业务类型	业务相关度
敏芯股份	2007 年 09 月 25 日	MEMS 声学传感器、MEMS 压力传感器、MEMS 惯性传感器	★★★★★
四方光电	2003 年 05 月 22 日	气体传感器	★★★★
高德红外	1999 年	红外温度成像传感器系列产品	★★★★★
歌尔股份	2001 年 06 月 25 日	MEMS 声学传感器、MEMS 其他传感器	★★★
兆易创新	2005 年 04 月 06 日	人机交互传感器芯片	★★
必创科技	2005 年 01 月 13 日	无线 传感器网络、光纤光缆传感器系列、MEMS 压力传感器芯片、模组和数据连接	★★★

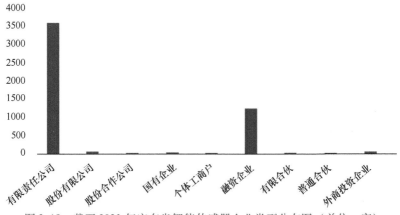

图 2-18　截至 2023 年广东省智能传感器企业类型分布图（单位：家）

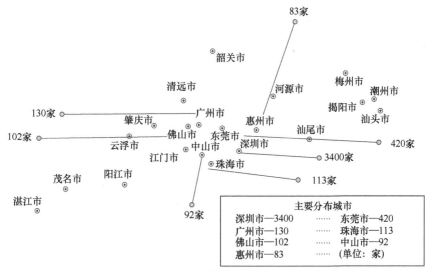

图 2-19　截至 2022 年广东省智能传感器企业数量区域分布图

二、智能传感器的代表性产品——MEMS

1987 年亚德诺半导体（ADI）开始投入一种全新的 MEMS 传感器（见图 2-20）的研发，这种传感器是采用微电子和微机械加工技术制造的新型传感器。

微机电系统（Microelectro Mechanical Systems）简称 **MEMS**，它将信号的调节电路、微计算机、存储器和接口等技术整合在一起，可制成 MEMS 传感器（如，车规级微机械压力晶片——BCP1200A 汽车用压力传感模块）。目前，由 MEMS 制成的惯性测量单元（Inertial Measurement Unit，IMU）在中等精度的消费电子领域（如汽车）中得到广泛应用，并且在高精度的航天、国防等领域也展现其优势。与传统的传感器相比，它具有体积小、重量轻、成本低、功耗低、可靠性高、适于批量化生产、易于集成和实现智能化的特点。图 2-21 所示为由 MEMS 传感器组成的电路。

图 2-20　MEMS 传感器

图 2-21　由 MEMS 传感器组成的电路

经过四十多年的发展，MEMS 传感器已成为世界瞩目的重大科技领域之一。它涉及电子、机械、材料、物理学、化学、生物学、医学等多种学科与技术，具有广阔的应用前景。截至 2010 年，全世界有大约 600 余家单位从事 MEMS 的研制和生产工作。在已研制出的包括微型压力传感器、加速度传感器、微喷墨打印头、数字微镜显示器在内的几百种产品中，MEMS 传感器占相当大的比例。同时，其微米量级的特征尺寸使得它可以完成某些传统机械传感器所不能实现的功能。

（一）MEMS 传感器的分类

MEMS 传感器常见的分类方式及具体类别如下：

1. 按照被测量的物理量分类

1）物理量传感器：包括加速度传感器、压力传感器、陀螺仪、磁力计等。

2）化学量传感器：包括气体传感器、湿度传感器等。

3）生物量传感器：用于检测生物相关的参数。

2. 按照工作原理分类

1）电容式 MEMS 传感器：通过电容变化来检测物理量。

2）压阻式 MEMS 传感器：利用材料的压阻效应实现测量。

3）压电式 MEMS 传感器：基于压电材料的压电效应工作。

3. 按照应用领域分类

1）消费电子类 MEMS 传感器：常见于手机、平板电脑等设备。

2）汽车电子类 MEMS 传感器：用于汽车的各种控制系统和监测功能。

3）工业类 MEMS 传感器：适用于工业生产过程中的测量和控制。

（二）MEMS 的应用

1. 在医疗领域的应用

MEMS 传感器应用于无创胎心检测。由于胎儿心率很快，为 120 ~ 160 次/min，用传统的听诊器进行人工计数很难测量准确。而具有数字显示功能的超声多普勒胎心监护仪，价格昂贵，仅为少数大医院使用，在中小型医院及广大农村地区无法普及。此外，超声振动波会对胎儿产生负面影响，尽管检测剂量很低，也属于有损探测范畴，不适于经常性、重复性的检查及家庭使用。

VTI 公司利用 MEMS 加速度传感器，研制出一种简单直观准确的介于胎心听诊器和多普勒胎儿监护仪之间的临床诊断和孕妇自检的医疗辅助仪器，这种仪器通过加速度传感器将胎儿心率转换成模拟电压信号，经前置放大器实现差值放大；然后将中间信号用 A/D 转换器转换成数字信号，通过光隔离器件输入到单片机进行分析处理；最后输出处理结果，实现无创胎心检测。而且可以扩展成远程胎心监护系统。图 2-22 所示为 MEMS 传感器用于无创胎心监测系统图。

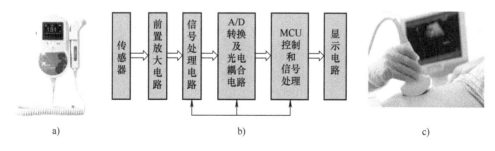

图 2-22　MEMS 传感器用于无创胎心监测系统图

a）检查设备　b）设备系统图　c）无创胎心检测

2. 在汽车电子系统中的应用

MEMS 压力传感器在汽车电子系统中，主要用于测量气囊压力、燃油压力、发动机机油压力、进气管道压力及轮胎压力等需要压力控制的部件。这种传感器用单晶硅作材料,采用 MEMS 技术在材料中间制作成力敏膜片,然后在膜片上扩散杂质形成 4 只应变电阻,再以惠斯通电桥方式将应变电阻连接成电路,来获得高灵敏度的监测系统。车用 MEMS 压力传感器有电容式、压阻式、差动变压器式、声表面波式等几种常见的形式。图 2-23 所示为 MEMS 压力传感器在汽车电子系统中的应用示意图。

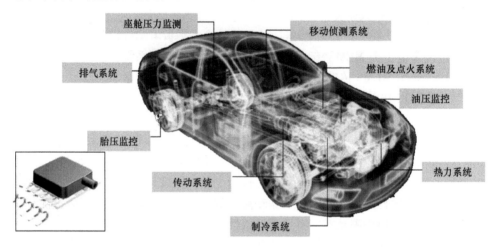

图 2-23 MEMS 压力传感器在汽车电子系统中的应用示意图

在 MEMS 压力传感器中,还可通过微硅质量块的偏移实现对加速度的检测,其检测由悬挂系统和检测质量系统组成。其中的 MEMS 加速计的构造除电容式、压阻式外,还有压电式、隧道电流式、谐振式和热电偶式等。其中,电容式 MEMS 加速度计具有灵敏度高、受温度影响极小等特点,是 MEMS 加速度计中的主流产品。MEMS 压力传感器还在汽车安全气囊系统、防滑系统、汽车导航系统和防盗系统中得到应用。

由 MEMS 压力传感器组成的微陀螺仪,是一种角速率传感器,主要用于汽车导航的 GPS 信号补偿和汽车底盘控制系统,主要有振动式、转子式等。应用最多的属于振动陀螺仪,它利用单晶硅或多晶硅的振动质量块在被基座带动旋转时产生的哥氏效应来感测角速度。例如,汽车在转弯时,系统通过陀螺仪测量角速度来指示方向盘的转动是否到位,主动在内侧或外侧车轮加上适当的制动以防止汽车脱离车道。

3. 在运动追踪系统中的应用

在运动员的日常训练中,MEMS 传感器可以用来进行 3D 人体运动测量,对每一个动作进行记录,教练们对结果进行分析,反复比较,以提高运动员的成绩,这在大众健身房中也可以广泛应用。

在滑雪方面，3D 运动追踪中的压力传感器、加速度传感器、陀螺仪，以及 GPS 可以让使用者获得极精确的观察能力，除了可提供滑雪板的移动数据外，还可以记录使用者的位置和距离。在冲浪方面也是如此，安装在冲浪板上的 3D 运动追踪仪，可以记录海浪高度、速度、冲浪时间、浆板距离、水温，以及消耗的热量等信息。

4. 在手机拍摄系统中的应用

在 MEMS Drive 出现之前，手机摄像头主要由音圈马达移动镜头组的方式实现防抖（简称镜头防抖技术），受到很大的局限性。而另一个在市场上较高端的防抖技术——多轴防抖技术，则是利用移动图像传感器（Image Sensor）补偿抖动，但由于多轴防抖技术的使用导致元器件体积庞大、耗电量超出手机载荷，一直无法在手机上应用。图 2-24 所示为 MEMS 在手机防抖中的应用。

图 2-24　MEMS 在手机防抖中的应用

凭借微机电在体积和功耗上的突破，最新技术 MEMS Drive 类似一张贴在图像传感器背面的平面马达，带动图像传感器在三个旋转轴移动。MEMS Drive 的防抖技术透过陀螺仪感知拍照过程中的瞬间抖动，依靠精密算法，计算出马达应做的移动幅度并做出快速补偿。这一系列动作都要在 0.01s 内完成，所得到的图像才不会因为抖动而变得模糊不清。

手机拍照带给我们便捷，但是面对复杂的环境、多样的拍照场景，人手拍照有无法避免的抖动，特别像是走着、跑着拍照，或者手握自拍杆自拍，无论哪种抖动，凭借 MEMS Drive 马达独有的防抖和快速、精准控制的技术的优势，都能呈现出更清晰更美丽的图片。图 2-25 所示为 MEMS 在运动物体系统中的应用。

图 2-25　MEMS 在运动物体系统中的应用

三、MEMS 的研究现状

随着现代科学技术的不断发展与完善，MEMS 正逐步向着工艺集成化、多变量复合化、智能化，以及网络化方向发展。全球 MEMS 技术壁垒较高，市场长期由少数海外巨头企业主导，不过中国企业也逐渐在全球市场崭露头角。下面介绍几种常见的 MEMS 传感器。

（一）微机械压力传感器

微机械压力传感器是最早开始研制的微机械产品，也是微机械技术中最成熟、最早开始产业化的产品。从信号检测方式来看，微机械压力传感器分为压阻式和电容式两类，分别以微机械加工技术和牺牲层技术为基础制造。从敏感膜结构来看，有圆形、方形、矩形、E 形等多种结构。压阻式压力传感器的精度可达 $0.05\% \sim 0.01\%$，年稳定性达 0.1% F. S，温度误差为 0.0002%，耐压可达几百 MPa，过电压保护范围可达传感器量程的 20 倍以上，并能进行大范围的全温补偿。现阶段微机械压力传感器的主要发展方向有以下几个方面：

1）将敏感元件与信号处理、校准、补偿、微控制器等进行单片集成，研制智能化的压力传感器。

2）进一步提高压力传感器的灵敏度，实现低量程的微压传感器。

3）提高工作温度，研制高低温压力传感器。

4）开发谐振式压力传感器。

（二）微加速度传感器

微加速度传感器是继微压力传感器之后，第二个进入市场的微机械传感器。其主要类型有压阻式、电容式、力平衡式和谐振式。其中最具吸引力的是力平衡加速度计，其典型产品是 Kuehnel 等人在 1994 年报道的 AGXL50 型。

国内在微加速度传感器的研制方面也做了大量工作，如西安电子科技大学研制的压阻式微加速度传感器和清华大学微电子所开发的谐振式微加速度传感器。后者采用电阻热激励、压阻电桥检测的方式，其敏感结构为高度对称的 4 角支撑质量块形式，在质量块的 4 边与支撑框架之间制作了 4 个谐振梁用于信号检测。

（三）微机械陀螺传感器

微机械陀螺传感器也称微机械角速度传感器，角速度一般是用陀螺仪来进行测量的。传统的陀螺仪是利用高速转动的物体具有保持其角动量的特性来测量角速度的。这种陀螺仪的精度很高，但它的结构复杂，使用寿命短，成本高，仅用于导航方面，而难以在一般的运动控制系统中应用。实际上，如果不是受成本限制，微机械陀螺传感器可在诸如汽车牵引控制系统、摄像机的稳定系统、医用仪器、军事仪器、运动机械、计算机惯性鼠标、军事等领域有广泛的应用前景。常见的微机械陀螺传感器有双平衡环结构、悬臂梁结构、音叉结构、振动环结构等。但是，现实的微机械陀螺传感器精度还不到 $10°/h$，离惯性导航系统所需的 $0.1°/h$ 相差甚远。

（四）微流量传感器

微流量传感器不仅外形尺寸小，能达到很低的测量量级，而且死区容量小、响应时间短，适合于微流体的精密测量和控制。国内外研究的微流量传感器，依据工作原理可分为热式（包括热传导式和热飞行时间式）、机械式和谐振式。清华大学精密仪器系设计的阀片式微流量传感器通过阀片将流量转换为梁表面弯曲应力，再由集成在阀片上的压敏电桥检测出流量信号。该传感器的芯片尺寸为 $3.5mm \times 3.5mm$，在 $10 \sim 200ml/min$ 的气体流量下，线性度优于 5%。

（五）微气敏传感器

根据制作材料的不同，微气敏传感器分为硅基气敏传感器和硅微气敏传感器。其中，前者以硅为衬底，敏感层为非硅材料，是当前微气敏传感器的主流。微气敏传感器可满足人们对集成化、智能化、多功能化等的要求。例如，许多微气敏传感器的敏感性能和工作温度密切相关，因而要同时制作加热元件和温度探测元件，以监测和控制温度。MEMS 技术很容易将气敏元件和温度探测元件制作在一起，保证微气敏传感器优良性能的发挥。

谐振式气敏传感器不需要对器件进行加热，且输出信号为频率量，是硅微气敏传感器发展的重要方向之一。北京大学微电子所提出的一种微结构气敏传感器，由硅梁、激振元件、测振元件和气体敏感膜组成。硅梁被置于被测气体中，表面的敏感膜吸附气体分子使梁的质量增加、谐振频率减小。这样，通过测量硅梁的谐振频率可得到气体的浓度值。对 NO_2 气体浓度的检测实验表明，在 $0 \times 10 \sim 1 \times 10mol/L$ 的范围内有较好的线性，浓度检测极限达到 $1 \times 10mol/L$，当工作频率是 $19kHz$ 时，灵敏度是 $1.3Hz/10$。德国的 M. Maute 等人在 SiNx 悬臂梁表面涂敷聚合物 PDMS 来检测己烷气体，得到 $-0.099Hz/10$ 的灵敏度。

（六）微机械温度传感器

微机械温度传感器与传统的传感器相比，具有体积小、重量轻的特点，其固有热容量仅为 $10J/K$，使其在温度测量方面具有传统温度传感器不可比拟的优势。研究人员开发了一种硅/二氧化硅双层微悬臂梁温度传感器，基于硅和二氧化硅两种材料热膨胀系数的差异，不同温度下，梁的挠度不同，其形变可通过位于梁根部的压敏电桥来检测。其非线性误差为 0.9%，迟滞误差为 0.45%，重复性误差为 1.63%，精度为 1.9%。

（七）其他微机械量传感器

利用微机械加工技术还可以实现其他多种传感器，例如，瑞士 Chalmers 大学的 PeterE 等人设计的谐振式流体密度传感器，浙江大学研制的力平衡微机械真空传感器，中科院合肥智能所研制的振梁式微机械力敏传感器等。

第四节 传感器的发展趋势

传感技术和传感器从人类的远古时期一路发展而来，经过了机械化时代、电气化时代和智能化时代的一步步发展，而且伴随其他科技的不断进步和发展，传感技术与相应的检测技术必将得到更大发展。其发展趋势将向以下几个方面突破：

一、集成化

集成化技术即借助于芯片技术的纳米化，将敏感元件、放大电路、运算电路、补偿电路等单元集成在同一芯片上，并将众多的同一类型的单一传感器集成为一维、二维或三维"阵列型"组合传感器，成为复合式的集成化。其优越性在于：在简化电路设计的基础上，大大缩短安装和调试时间，从而提高组合传感器的可靠性。其缺点就是，一旦一个部件损坏就得更换整个器件。在芯片制造成本加速降低的前提下，其优势大于劣势。

二、微型化

微型化就是利用精密加工、微电子以及微机电系统技术，尽量使传感器的体积和重量缩小。自从微米、纳米技术问世以来，加上微型机械加工技术不断实用化，传感器也将硬件与软件相结合，为微型传感器的研制和加工提供了可能。微型传感器在医疗领域和航空航天等领域都有广泛应用，比如医疗领域的可植入式医疗设备和医疗检测仪器，还有航空航天领域，飞行器中使用微型压力传感器和微型温度传感器等监测飞行状态。

三、数字化和智能化

数字化技术是信息技术的基础，信息时代也是数字化时代。数字化传感器可以将被测量（如物理量、化学量、生物量等）直接转换为数字信号输出的传感器，其具有精度高、分辨率高、测量范围广、抗干扰能力强、稳定性好易于集成、传输距离远、实时性好等优势，所以数字化传感器可以用于要求自动控制程度高、动态变化的技术指标、多路检测的合并输出等特殊应用场合。

智能化传感器是指具有信息检测、信息处理、逻辑思维和判断功能的传感器。它不仅能够感知被测量的信息，还能够对这些信息进行处理和分析，并根据预设的规则或算法做出一定的判断和决策。智能化传感器具备信息的存储、记忆、识别、自校准和自诊断、自动补偿等多项功能。在即将产业化的机器人、人造卫星等领域发挥十分重要的作用。

四、抗恶劣环境

为了适应特殊极端环境（如高温、高压、水下、耐腐蚀、抗辐射等）的需求，必须研制适用于这些极端环境的特种传感器，以替代人们繁重的体力劳动并适应恶劣的劳动环境。随着智能机器人的出现，抗恶劣环境传感器也将应用于机器人中。

五、仿生化

在漫长的岁月里，大自然造就了集视觉、听觉、嗅觉、味觉和触觉等多种感官的人类；也造就了一些动物独有的功能，如狗的嗅觉、鸟的视觉，以及蝙蝠、海豚的听觉。应用仿生传感器来研究人类和动物的生物效应和化学效应，在国外已初具规模，国内也开始起步研究。这种仿生传感器必将广泛应用于人们未来的活动中。

六、高性价比

为了满足工业制造的智能控制、农业生产的智能控制、服务业的自动化等通用需要，高性价比的智能传感技术和智能传感器逐渐发展起来，且成为高科技制造业、高科技农业和高度自动化服务业的促进剂；同时，这些行业的发展需求也必将进一步促进智能传感技术和智能传感器的高速发展。

第三章

传感器的分类

第一节　敏感元件的分类

一、按照功能与人类感觉器官的比拟分类

光敏传感器——相当于人类的"视觉"。

声敏传感器——相当于人类的"听觉"。

气敏传感器——相当于人类的"嗅觉"。

化学传感器——相当于人类的"味觉"。

压敏、温敏、流体传感器——相当于人类的"触觉"。

二、按照敏感元件的工作原理分类

物理类——基于力、热、光、电、磁和声等物理效应。

化学类——基于化学反应的原理。

生物类——理基于酶、抗体和激素等分子识别功能。

通常据其基本感知功能可分为热敏元件、光敏元件、气敏元件、力敏元件、磁敏元件、湿敏元件、声敏元件、放射线敏感元件、色敏元件和味敏元件共 10 大类。

三、按照敏感元件的感应方式分类

我们都知道,传感器是靠"感应"得到数据的,归纳起来,传感器的敏感元件有 7 种感应方式。

(一) 接近感应（接触式或非接触式）

接近感应通常意味着检测:

1) 是否存在物体。

2) 对象的大小或简单形状。

接近传感器在操作中可以进一步分为接触式或非接触式，以及模拟式或数字式。传感器的选择取决于物理、环境和控制条件。其中包括：

1）机械：可以采用任何合适的机械/电气开关，但是由于操作机械开关需要一定的力，所以通常使用微型开关。

2）气动：这些接近传感器通过破坏或扰乱气流来工作。气动接近传感器是接触式传感器的示例。但这些产品不能用于可能被吹走的轻型部件。

3）光学：在最简单的形式中，光学接近传感器通过断开光束而落下，该光束落在诸如光电池的光敏装置上，这些是非接触式传感器的示例。值得注意的是，这些传感器的照明环境必须格外小心，例如，光学传感器可能会因电弧焊过程中的闪光而被遮蔽，空气中的灰尘和烟云可能会阻碍光的传输等。

4）电气：电接近传感器可以是接触式或非接触式。简单的接触式传感器通过使传感器和组件形成完整的电路来进行操作。非接触式电接近传感器依靠感应原理来检测金属或依靠电容来检测非金属。

5）范围感应：距离感测涉及检测组件的距离、感测位置的远近，尽管它们也可以用作接近传感器。距离或距离传感器使用非接触式模拟技术。使用电容、电感和磁技术进行几毫米至几百毫米的短距离感测。使用各种类型的已发射能量波（如无线电波、声波和激光）执行更远距离的感应。

（二）受力感测（静态和动态）

存在用于感测力的多种技术，一些是直接的，一些是间接的。可能需要感测的力有4种。在每种情况下，力的施加可以是静态的（静止的），也可以是动态的。力是矢量，它必须同时确定大小和方向。因此，力传感器是模拟操作，并且对其作用方向敏感。4种力分别是：

1）拉伸力：可以由应变计等量规确定，当长度增加时，它们会显示出相应所测量的电阻的变化。这些量规测量的电阻变化可以转化为力，因此是间接装置。

2）压力：可以通过称重传感器等设备来确定，这些设备可以通过检测压缩负载下电池尺寸的变化，或者通过检测负载下电池内压力的增加，或者通过在压缩负载下电阻的变化来运行加载。

3）扭转力：可以看作是拉伸力和压缩力的组合，因此可以采用上述技术的组合。

4）摩擦力：这些涉及限制运动的情况，因此，通过使用力和运动传感器的组合，间接检测摩擦力。

（三）触觉感应（触摸）

触感是指通过触摸进行感测。最简单的触觉传感器使用以行和列排列的简单触摸传感器阵列，这些通常称为矩阵传感器。

每个单独的传感器与物体接触时都会被激活。通过检测哪些传感器处于活动状态（数字）或输出信号的大小（模拟），可以确定组件的印记。然后将压印与先前存储的压印信息进行比较，以确定组件的大小或形状。

目前已实现机械、光学和电子触觉传感器。

（四）热感应（温度）

作为过程控制的一部分或作为安全控制手段，可能需要进行热感应。有多种方法可供选择，这些方法的选择主要取决于要检测的温度。

一些常见的方法是：双金属条、热电偶、电阻温度计或热敏电阻。对于涉及低水平热源的更复杂的系统，可以使用红外热像仪。

（五）声音感应（听觉）

声学传感器可以检测并区分不同的声音。它们可用于语音识别，以发出口头命令或识别异常声音（如爆炸声音）。最常见的声学传感器是传声器。在工业环境中，声学传感器面临的问题是大量背景噪声，可以将声学传感器调整为仅对某些频率做出响应，使它们能够区分不同的噪声。

（六）气体感应（气味）

对特定气体敏感的气体传感器或烟雾传感器依赖于传感器中所含材料的化学变化，化学变化会产生物理膨胀或产生足够的热量来触发开关设备。

（七）机器人视觉（瞄准）

视觉可能是当前机器人感觉反馈研究中最活跃的领域。

机器人视觉是指通过某种相机实时捕获图像并将该图像转换为可以由计算机系统分析的形式。这种转换通常意味着将图像转换成计算机可以理解的数字场。图像捕获、数字化和数据分析的整个过程应足够快，以使机器人系统能够响应分析的图像并在执行任务期间采取适当的措施。

机器人视觉的完善将使人工智能在工业机器人上的全部潜能得以发挥。它的用途包括检测存在、位置和移动，并识别不同的组件、样式和特征。

但是，即使是最简单的视觉技术也需要大量的计算机内存，并且可能需要相当长的处理时间。

第二节　传感器从不同角度分类

一、按用途分类

可以分为力敏传感器、位置传感器、液位传感器、能耗传感器、速度传感器、加速度传感器、射线辐射传感器、热敏传感器。

二、按工作原理分类

可以分为振动传感器、湿敏传感器、磁敏传感器、气敏传感器、真空度传感器、生物传感器等。

三、按输出信号形式分类

模拟传感器：将被测量的非电学量转换成模拟电信号。

数字传感器：将被测量的非电学量转换成数字输出信号（包括直接和间接转换）。

膺数字传感器：将被测量的信号量转换成频率信号或短周期信号的输出（包括直接或间接转换）。

开关传感器：当一个被测量的信号达到某个特定阈值时，传感器相应地输出一个设定的低电平或高电平信号，控制开关的动作。

四、按制造工艺分类

集成传感器：是用标准的生产硅基半导体集成电路的工艺技术制造的。通常还将用于初步处理被测信号的部分电路也集成在同一芯片上。

薄膜传感器：是通过沉积在介质衬底（基板）上的、相应敏感材料的薄膜形成的。使用混合工艺时，同样可将部分电路制造在此衬底上。

厚膜传感器：是利用相应材料的浆料，涂覆在陶瓷基片上制成的，基片通常是 Al_2O_3 制成的，然后进行热处理，使厚膜成形。

陶瓷传感器：是采用标准的陶瓷工艺或其某种变种工艺（溶胶、凝胶等）生产。

完成适当的预备性操作之后，已成形的元件在高温中进行烧结。厚膜和陶瓷传感器这两种工艺之间有许多共同特性，在某些方面，可以认为厚膜工艺是陶瓷工艺的一种变形。

每种工艺技术都有自己的优点和不足。由于研究、开发和生产所需的资本投入差异，以及传感器参数的稳定性不同等原因，应按照实际需求，合理选择由不同材料和工艺制作的传感器。

五、按测量目的分类

物理型传感器：是利用被测量物质的某些物理性质发生明显变化的特性制成的。

化学型传感器：是利用能把化学物质的成分、浓度等化学量转化成电学量的敏感元件制成的。

生物型传感器：是利用各种生物或生物物质的特性制成的，用以检测与识别生物体内化学成分的传感器。

六、按构成分类

基本型传感器：是一种最基本的单个变换装置。

组合型传感器：是由不同单个变换装置组合而成的传感器。

应用型传感器：是基本型传感器或组合型传感器与其他机构组合而成的传感器。

七、按作用形式分类

按作用形式可分为主动型和被动型传感器。

主动型传感器又有作用型和反作用型，此种传感器对被测对象发出一些探测信号，能检测探测信号在被测对象中所产生的变化，或者由探测信号在被测对象中产生某种效应而形成信号。检测探测信号变化方式的传感器称为作用型传感器，检测产生响应而形成信号方式的传感器称为反作用型传感器。雷达与无线电频率范围探测器是作用型传感器实例，而光声效应分析装置与激光分析器是反作用型传感器实例。

被动型传感器只是接收被测对象本身产生的信号，如红外辐射温度计、红外摄像装置等。

第三节 通用传感器简介

一、电阻式传感器

电阻式传感器是将被测量，如位移、形变、力、加速度、湿度、温度等物理量转换成电阻值的一种器件。电阻式传感器主要有电阻应变式、压阻式、热电阻、热敏、气敏、湿敏等。电阻式温度传感器实物图如图 3-1 所示。

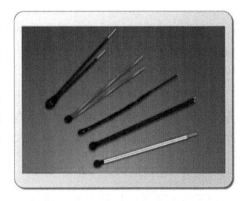

图 3-1 电阻式温度传感器实物图

二、变频功率传感器

变频功率传感器通过对输入的电压、电流信号进行交流采样，再将采样值通过电缆、光纤等传输系统与数字量输入二次仪表相连，数字量输入二次仪表对电压、电流的采样值进行运算，可以获取电压有效值、电流有效值、基波电压、基波电流、谐波电压、谐波电流、有功功率、基波功率、谐波功率等参数。变频功率传感器实物图如图 3-2 所示。

图 3-2 变频功率传感器实物图

三、称重传感器

称重传感器是一种将质量信号转变为可测量的电信号输出的装置，是电子衡器的一个关键部件。能够实现质量到电信号转换的传感器有多种，常见的有电阻应变式、电磁力式和电容式等。电磁力式主要用于电子天平，电容式用于部分电子吊秤，而绝大多数电子衡器产品所用的还是电阻应变式称重传感器。电阻应变式称重传感器结构简单、准确度高、适用面广，且能够在相对比较差的环境下使用。因此，电阻应变式称重传感器在电子衡器中得到了广泛运用。轮辐式称重传感器是采用电阻应变式原理来测量拉力以及压力的一种称重传感器，轮辐式称重传感器实物图如图 3-3 所示。

四、电阻应变式拉压力传感器

传感器中的电阻应变片具有金属的应变效应，即在外力作用下产生机械形变，从而使电阻值随之发生相应的变化。电阻应变片主要有金属和半导体两类，金属应变片有金属丝式、箔式、薄膜式。半导体应变片具有灵敏度高（通常是丝式、箔式的几十倍）、横向效应小等优点。电阻应变式拉压力传感器结构原理图如图 3-4 所示。

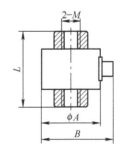

图 3-3 轮辐式称重传感器实物图　　图 3-4 电阻应变式拉压力传感器结构原理图

五、压阻式传感器

压阻式传感器是根据半导体材料的压阻效应在半导体材料的基片上经扩散电阻而制成的器件。其基片可直接作为测量传感元件，扩散电阻在基片内接成电桥形式。当基片受到外力作用而产生形变时，各电阻值将发生变化，电桥就会产生相应的不平衡输出。压阻式加速度传感器实物图如图3-5所示。用作压阻式传感器的基片（或称膜片）材料主要为硅片和锗片，硅片作为敏感材料制成的硅压阻传感器越来越受到人们的重视，尤其是以测量压力和速度的固态压阻式传感器应用最为普遍。

六、热电阻传感器

热电阻测温是基于金属导体的电阻值随温度增加而增加的这一特性来进行温度测量的。热电阻大都由纯金属材料制成，应用最多的是铂和铜，此外，已开始采用镍、锰和铑等材料制造热电阻。

热电阻传感器主要是利用电阻值随温度变化而变化这一特性来测量温度及与温度有关的参数。在温度检测精度要求比较高的场合，这种传感器比较适用。应用较为广泛的热电阻材料有铂、铜、镍等，它们具有电阻温度系数大、线性好、性能稳定、使用温度范围宽、加工容易等特点。适用于测量 $-200 \sim 500℃$ 范围内的温度。热电阻传感器温度计实物图如图3-6所示。

图3-5　压阻式
加速度传感器实物图

图3-6　热电阻
传感器温度计实物图

热电阻传感器又可分为以下类型：

1）NTC热电阻传感器。该类传感器为负温度系数传感器，即传感器阻值随温度升高而减小，如图3-7所示。

2）PTC 热电阻传感器。该类传感器为正温度系数传感器，即传感器阻值随温度升高而增大，如图 3-8 所示。

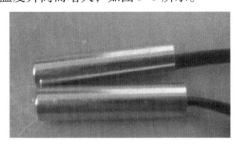

图 3-7 NTC 热电阻传感器   图 3-8 PTC 热电阻传感器

七、激光传感器

激光传感器是利用激光技术进行测量的传感器，它由激光器、激光检测器和测量电路组成。激光传感器是新型测量仪表，它的优点是能实现无接触远距离测量，而且速度快、精度高、量程大，以及抗光、电干扰能力强等。

激光传感器工作时，先由激光发射二极管对准目标发射激光脉冲，经目标反射后，激光向各方向散射。部分散射光返回到传感器的接收器，被光学系统接收后成像到雪崩光电二极管上。雪崩光电二极管是一种内部具有放大功能的光学传感器，因此，它能检测极其微弱的光信号，并将其转化为相应的电信号。

利用激光的高方向性、高单色性和高亮度等特点，可实现无接触远距离测量。激光传感器常用于长度（ZLS – Px）、距离（LDM4x）、振动（ZLDS10X）、速度（LDM30x）、方位等物理量的测量，还可用于探伤和大气污染物的监测等。激光测距传感器原理图如图 3-9 所示。

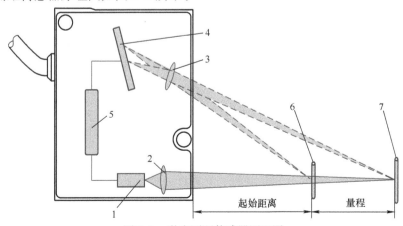

图 3-9 激光测距传感器原理图

1—半导体激光器 2—镜片 b 3—镜片 b 4—线性 CCD 阵列 5—信号处理器 6—被测物体 a 7—被测物体 b

八、霍尔传感器

霍尔传感器是根据霍尔效应制作的一种磁场传感器，广泛应用于工业自动化技术、检测技术及信息处理等方面。霍尔效应是研究半导体材料性能的基本方法。通过霍尔效应实验测定的霍尔系数，能够判断半导体材料的导电类型、载流子浓度及载流子迁移率等重要参数。

霍尔传感器分为线性型霍尔传感器和开关型霍尔传感器两种。

1）线性型霍尔传感器由霍尔元件、线性放大器和射极跟随器组成，它输出模拟量。

2）开关型霍尔传感器由稳压器、霍尔元件、差分放大器、斯密特触发器和输出级组成，它输出数字量。

霍尔电压随磁场强度的变化而变化，磁场越强，电压越高；磁场越弱，电压越低。霍尔电压值很小，通常只有几 mV，但经集成电路中的放大器放大，就能使该电压放大到足以输出较强的信号。若使霍尔集成电路起传感作用，需要用机械的方法来改变磁场强度。图 3-10 所示的方法，是用一个转动的叶轮作为控制磁通量的开关，当叶轮的叶片处于磁铁和霍尔集成电路之间的气隙中时，磁场偏离集成片，霍尔电压消失。这样，霍尔集成电路的输出电压的变化，就能表示出叶轮驱动轴的某一位置，利用这一工作原理，可将霍尔集成电路片用作点火正时传感器。霍尔效应传感器属于被动型传感器，它要有外加电源才能工作，这一特点使它能检测转速低的运转情况。霍尔效应传感器原理及应用如图 3-10 所示。

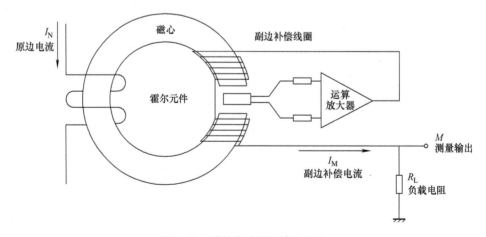

图 3-10 霍尔传感器原理及应用

九、温度传感器

（一）室温传感器和管温传感器

室温传感器用于测量室内和室外的环境温度，管温传感器用于测量蒸发器和冷凝器的管壁温度。室温传感器和管温传感器的形状不同，但温度特性基本一致。

（二）排气温度传感器

排气温度传感器用于测量压缩机顶部的排气温度，常数 B 值为 3950K ± 3%，基准电阻为 90℃时对应的电阻值 5kΩ ± 3%。

（三）模块温度传感器

模块温度传感器用于测量变频模块（IGBT 或 IPM）的温度，所用感温头的型号是 602F – 3500F，基准电阻为 25℃时对应的电阻值 6kΩ ± 1%。几个典型温度的对应电阻值分别是：

1）−10℃→（25.897 ~ 28.623）kΩ。

2）0℃→（16.3248 ~ 17.7164）kΩ。

3）50℃→（2.3262 ~ 2.5153）kΩ。

4）90℃→（0.6671 ~ 0.7565）kΩ。

温度传感器的种类很多，经常使用的有热电阻 PT100、PT1000、Cu50、Cu100；热电偶 B、E、J、K、S 等。温度传感器不但种类繁多，而且组合形式多样，应根据不同场所选用合适的产品。

测温原理：根据电阻阻值、热电偶的电势随温度变化而规律变化的原理，我们可以得到所需要测量的温度值。热电偶温度传感器结构图如图 3-11 所示。

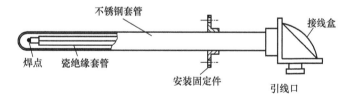

图 3-11　热电偶温度传感器结构图

十、无线温度传感器

无线温度传感器将控制对象的温度参数转换成电信号，并对接收终端发送无线信号，对系统实行检测、调节和控制。可直接安装在一般工业热电阻、热电偶的接线盒内，与现场感温元件构成一体化结构。通常和无线中继、接收终端、通信串口、电子计算机等配套使用，这样不仅节省了补偿导线和电缆，而且减少了信号传递失真和干扰，从而获得高精度的测量结果。

无线温度传感器广泛应用于化工、冶金、石油、电力、水处理、制药、食品等自动化行业。例如，高压电缆上的温度采集、水下等恶劣环境的温度采集、运动物体上的温度采集、不易连线通过的空间传输传感器数据采集、单纯为降低布线成本选用的数据采集、没有交流电源的工作场合的数据测量、便携式非固定场所的数据测量。无线温度传感器采集系统的原理及结构图如图 3-12 所示。

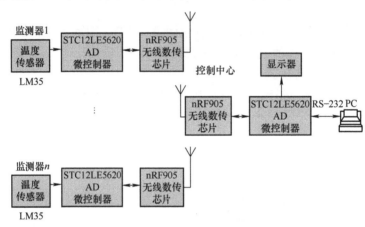

图 3-12 无线温度传感器采集系统的原理及结构图

十一、智能传感器

智能传感器是具有信息处理功能的传感器。智能传感器带有微处理机，具有采集、处理、交换信息的能力，是传感器集成化与微处理机相结合的产物。智能传感器可实现以下功能：

（一）信息存储和传输

随着全智能集散控制系统（Smart Distributed System）的飞速发展，需要智能单元具备通信功能，用通信网络以数字形式进行双向通信，这也是智能传感器的关键标志之一。智能传感器通过测试数据传输或接收指令来实现各项功能（如增益的设置、补偿参数的设置、内检参数设置、测试数据输出等）。

（二）自补偿和计算功能

多年来，从事传感器研制的工程技术人员一直为传感器的温度漂移和输出非线性做大量的补偿工作，但都没有从根本上解决问题。而智能传感器的自补偿和计算功能为传感器的温度漂移和非线性补偿开辟了新的道路，放宽了传感器的加工精密度要求，只需保证传感器的重复性好，利用微处理器对测试信号进行软件计算，采用多次拟合和差值计算方法对漂移和非线性进行补偿，从而获得具有精确测量结果的压力传感器。

（三）自检、自校、自诊断功能

普通传感器需要定期检验和标定，以保证它在正常使用时具有足够的准确度，这些工作一般要求将传感器从使用现场拆卸然后送到实验室或检验部门进行。对于在线测量，普通传感器出现异常的情况则不能及时诊断。采用智能传感器，情况则大有改观，首先，自诊断功能使智能传感器在电源接通时进行自检，诊断测试以确定组件有无故障；其次，根据使用时间可以在线进行校正，微处理器利用存在于 EPROM 内的计量特性数据进行校对。

（四）复合敏感功能

观察周围的自然现象，常见的信号有声、光、电、热、力、化学等。敏感元件测量一般通过两种方式：直接和间接的测量。而智能传感器具有复合功能，能够同时测量多种物理量和化学量，能够给出全面反映物质运动规律的信息。一种智能家居传感器控制系统原理及结构图如图 3-13 所示。

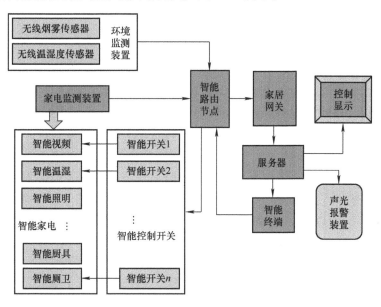

图 3-13　一种智能家居传感器控制系统原理及结构图

十二、光敏传感器

光敏传感器是最常见的传感器之一，它的种类繁多，主要有：光电管、光电倍增管、光敏电阻、光电晶体管、太阳能电池、红外线传感器、紫外线传感器、光纤式光电传感器、色彩传感器、CCD 和 CMOS 图像传感器等。它的敏感波长在可见光波长附近，包括红外线波长和紫外线波长。光敏传感器不只局限于对光的探测，它还可以作为探测元件组成其他传感器，对许多非电量进行检测，只要将这些非电量转换为光信号的变化即可。光敏传感器是产量最多、应用最广的传感器之一，它在自动控制和非电量电测技术中占有非常重要的地位。最简单的光敏传感器是光敏电阻，当光子冲击接合处就会产生电流。光敏传感器系统原理及光敏电阻模块结构图如图3-14所示。

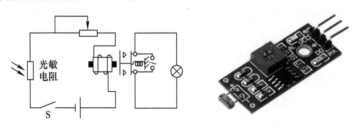

图 3-14 光敏传感器系统原理及光敏电阻模块结构图

十三、生物传感器

（一）生物传感器的概念

生物传感器是一种对生物物质敏感并将其浓度转换为电信号进行检测的仪器；是由固定化的生物敏感材料作识别元件（包括酶、抗体、抗原、微生物、细胞、组织、核酸等生物活性物质）、适当的理化换能器（如氧电极、光敏管、场效应管、压电晶体等）及信号放大装置构成的分析工具或系统。生物传感器具有接受器与转换器的功能。各种生物传感器有以下共同的结构：包括一种或数种相关生物活性材料（生物膜）及能把生物活性表达的信号转换为电信号的物理或化学换能器（传感器），二者组合在一起，用现代微电子和自动化仪表技术进行生物信号的再加工，构成各种可以使用的生物传感器分析装置、仪器和系统。

（二）生物传感器的原理

待测物质经扩散作用进入生物活性材料，经分子识别，发生生物学反应，产生的信息继而被相应的物理或化学换能器转变成可定量和可处理的电信号，再经二次仪表放大并输出，便可知道待测物浓度。一种生物传感器的应用——微生物膜电极 BOD 测定仪的工作原理图如图3-15所示。

（三）生物传感器的分类

按照其感受器中所采用的生命物质分类，可分为微生物传感器、免疫传感器、组织传感器、细胞传感器、酶传感器、DNA 传感器等。一种生物传感器——酶传感器结构示意图如图3-16所示。

按照传感器器件检测的原理分类，可分为：热敏生物传感器、场效应管生物

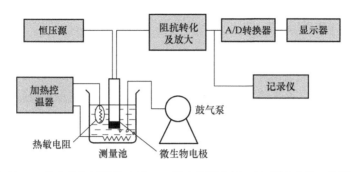

图 3-15　一种生物传感器的应用——微生物膜电极 BOD 测定仪的工作原理图

传感器、压电生物传感器、光学生物传感器、声波道生物传感器、酶电极生物传感器、介体生物传感器等。

按照生物敏感物质相互作用的类型分类，可分为亲和型、代谢型。生物传感器的应用，如图 3-17 所示。

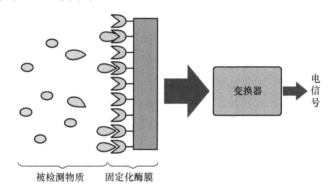

图 3-16　一种生物传感器——酶传感器结构示意图

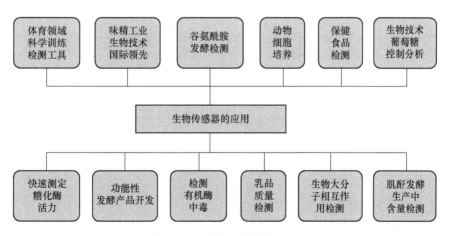

图 3-17　生物传感器的应用

十四、视觉传感器

(一) 视觉传感器的工作原理

视觉传感器是指具有从一整幅图像捕获光线的数发千计像素的能力，图像的清晰和细腻程度常用分辨率来衡量，以像素数量表示。视觉传感器工作原理图如图 3-18 所示。

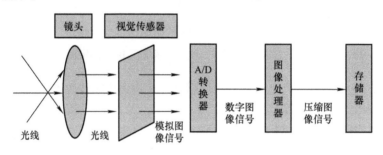

图 3-18 视觉传感器工作原理图

在捕获图像之后，视觉传感器将其与内存中存储的基准图像进行比较，以做出分析。例如，若视觉传感器被设定为，可以正确辨别插有 8 颗螺栓的机器部件，则传感器知道应该拒收只有 7 颗螺栓的部件，或者螺栓未对准的部件。此外，无论该机器部件位于视场中的哪个位置，无论该部件是否在 360°范围内旋转，视觉传感器都能做出判断。图 3-19 所示为视觉传感器应用架构示意图。

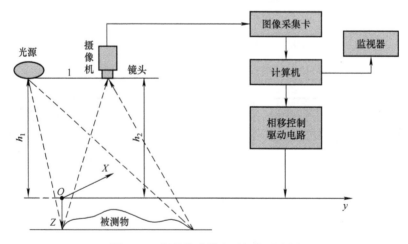

图 3-19 视觉传感器应用架构示意图

(二) 视觉传感器的应用领域

视觉传感器的低成本和易用性已吸引机器设计师和工艺工程师将其集成到各

类曾经依赖人工或根本不检验的应用中。视觉传感器的工业应用包括检验、计量、测量、定向、瑕疵检测和分拣。以下只是一些应用范例:

1)在汽车组装厂,检验涂胶机器人涂到车门边框的胶珠是否连续、是否有正确的宽度。

2)在瓶装厂,检验瓶盖是否正确密封、装灌液位是否正确,以及在封盖之前没有异物掉入瓶中。

3)在包装生产线,确保在正确的位置粘贴正确的包装标签。

4)在药品包装生产线,检验药片的泡罩式包装中是否有破损或缺失的药片。

5)在金属冲压公司,以每分钟 150 片的速度检验冲压部件,比人工检验快 13 倍以上。

十五、位移传感器

位移传感器又称线性传感器,是把位移转换为电量的传感器。位移传感器是一种属于金属感应的线性器件,传感器的作用是把各种被测物理量转换为电量。它分为电感式位移传感器、电容式位移传感器、光电式位移传感器、超声波式位移传感器、霍尔式位移传感器。一种利用多模光纤传输信号的位移传感器原理图如图 3-20 所示。

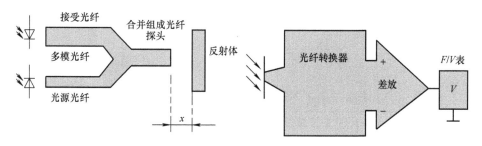

图 3-20 一种利用多模光纤传输信号的位移传感器原理图

许多物理量(如压力、流量、加速度等)需要先变换为位移,然后再将位移变换成电量。因此,位移传感器是一类重要的基本传感器。在生产过程中,位移的测量一般分为测量实物尺寸和机械位移两种。机械位移包括线位移和角位移。按被测变量变换的形式不同,位移传感器可分为模拟式和数字式。模拟式又可分为物性型(如自发电式)和结构型两种。常用的位移传感器以模拟式结构型居多,包括电位器式位移传感器、电感式位移传感器、自整角机、电容式位移传感器、电涡流式位移传感器、霍尔式位移传感器等。数字式位移传感器的一个重要优点是便于将信号直接送入计算机系统。这种传感器发展迅速,应用广泛。

图 3-21 为电容式位移传感器应用实例。

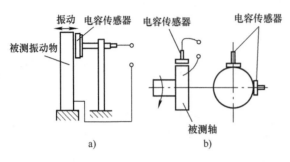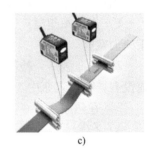

a)　　　　　　　　b)　　　　　　　　　c)

图 3-21　电容式位移传感器应用实例

a）振动位移测量　　b）轴的回转精度和轴心动态偏摆测量　　c）实物

十六、压力传感器

压力传感器是工业实践中最为常用的一种传感器，其广泛应用于各种工业自控环境，涉及水利水电、铁路交通、智能建筑、生产自控、航空航天、军工、石化、油井、电力、船舶、机床、管道等众多行业。一种压阻式压力传感器结构图如图 3-22 所示，常用的数显式压力传感器结构图如图 3-23 所示。

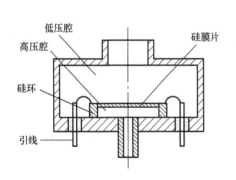

图 3-22　一种压阻式压力传感器结构图　　图 3-23　常用的数显式压力传感器结构图

十七、超声波测距传感器

超声波测距传感器采用超声波回波测距原理，运用精确的时差测量技术，检测传感器与目标物之间的距离，采用小角度、小盲区，具有测量准确、无接触、防水、防腐蚀、低成本等优点，可应于液位、料位检测。特有的液位、料位检测方式，可保证在液面有泡沫或大的晃动、不易检测到回波的情况下有稳定的输出，主要应用于液位、物位、料位检测，及工业过程控制等。图 3-24 所示为超声波测距原理图；图 3-25 所示为超声波测厚原理图。

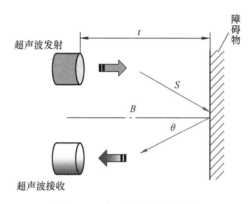

图 3-24　超声波测距原理图

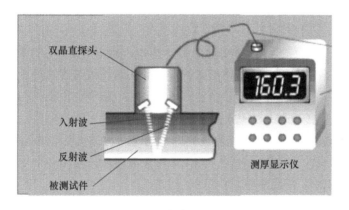

图 3-25　超声波测厚原理图

十八、雷达传感器

24GHz 雷达传感器采用高频微波来测量物体的运动速度、距离、运动方向、方位角度等信息，采用平面微带天线设计；24GHz 雷达传感器是 K 波段毫米波测距雷达，采用收、发天线隔离设计。其原理是：通过测量发射与接收信号之间的时间差来测量物体之间的距离，工作时采用调频连续波方式（FMCW）。其数据接口采用异步串行通信，波特率为 57600 bit/s，逻辑电平为 3.3V TTL 电平。具有体积小、质量轻、灵敏度高、稳定性强等特点，用户只需要通过异步串行接口，就可以获得物体间距离的数据。其特点在于对烟雾、粉尘及薄型非金属材料——如薄型的木板、塑料板等具有一定的穿透能力，且具有多目标识别测量能力。广泛应用于智能交通、工业控制、安防、体育运动、智能家居等行业。24GHz 雷达传感器电路及实物图如图 3-26 所示。

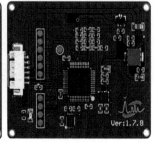

图 3-26　24GHz 雷达传感器电路及实物图

十九、一体化温度传感器

一体化温度传感器一般由测温探头（热电偶或热电阻传感器）和两线制固体电子单元组成。采用固体模块形式将测温探头直接安装在接线盒内，从而形成一体化的传感器。一体化温度传感器一般分为热电阻和热电偶两种类型。

热电阻温度传感器是由基准单元、R/V 转换单元、线性电路、反接保护、限流保护、V/I 转换单元等组成。测温热电阻信号转换放大后，再由线性电路对温度与电阻的非线性关系进行补偿，经 V/I 转换电路后，输出一个与被测温度成线性关系的 4～20mA 恒流信号。

热电偶温度传感器一般由基准源、冷端补偿、放大单元、线性化处理、V/I 转换、断偶处理、反接保护、限流保护等电路单元组成。它是将热电偶产生的热电势经冷端补偿放大后，再由线性电路消除热电势与温度的非线性误差，最后放大转换为 4～20mA 电流输出信号。为防止热电偶测量中由于热电偶断丝而使控温失效造成事故，传感器中还设有断电保护电路。当热电偶断丝或接解不良时，传感器会输出最大值（28mA）以使仪表切断电源。一体化温度传感器具有结构简单、节省引线、输出信号大、抗干扰能力强、线性好、显示仪表简单、固体模块抗震防潮、有反接保护和限流保护、工作可靠等优点。一体化温度传感器的输出为统一的 4～20mA 信号，可与微机系统或其他常规仪表匹配使用，也可做成防爆型或防火型测量仪表。其结构原理图和实物图分别如图 3-27 和图 3-28 所示。

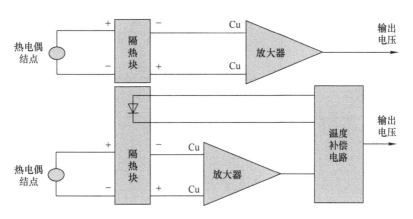

图 3-27　一体化温度传感器结构原理图

图 3-28　一体化温度传感器实物图

二十、液位传感器

（一）浮球式液位传感器

浮球式液位传感器由磁性浮球、测量导管、信号单元、电子单元、接线盒及安装件组成。

一般磁性浮球的比重小于 0.5，可漂于液面之上并沿测量导管上下移动。导管内装有测量元件，它可以在外磁作用下将被测液位信号转换成正比于液位变化的电阻信号，并将电子单元转换成 4 ~ 20mA 或其他标准信号输出。该传感器为模块电路，具有耐酸、防潮、防震、防腐蚀等优点，电路内部含有恒流反馈电路和内保护电路，可使输出最大电流不超过 28mA，因而能够可靠保护电源并使二次仪表不被损坏，其实物和原理如图 3-29 所示。

（二）浮筒式液位传感器

浮筒式液位传感器是将磁性浮球改为浮筒，它是根据阿基米德浮力原理设计的。浮筒式液位传感器是利用微小的金属膜应变传感技术来测量液体的液位、界位或密度的。它在工作时可以通过现场按键来进行常规的设定操作。其各种安装形式如图 3-30 所示。

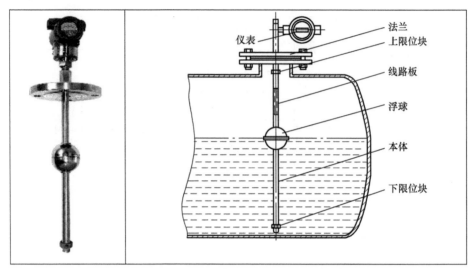

图 3-29　浮球式液位传感器实物图和工作原理图

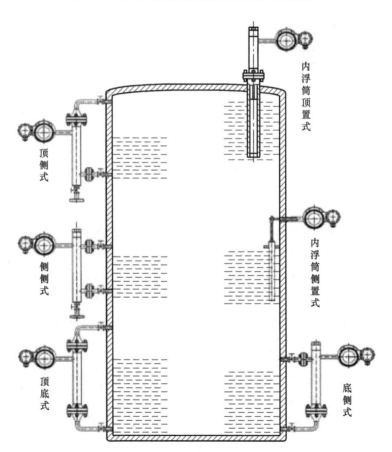

图 3-30　浮筒式液位传感器的各种安装形式

（三）静压式液位传感器

静压式液位传感器利用液体静压力的测量原理工作。它一般选用硅压力测压传感器将测量到的压力转换成电信号，再经放大电路放大和补偿电路补偿，最后以 4～20mA 或 0～10mA 电流输出。静压式液位传感器的结构及工作原理图如图 3-31 所示。

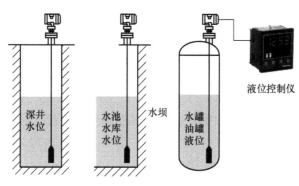

图 3-31　静压式液位传感器结构及工作原理图

二十一、真空度传感器

（一）真空度传感器

采用先进的硅微机械加工技术生产，以集成硅压阻力敏元件作为传感器的核心元件制成的绝对压力变送器，由于采用硅－硅直接键合或硅－派勒克斯玻璃静电键合形成的真空参考压力腔，及一系列无应力封装技术及精密温度补偿技术，因而具有稳定性优良、精度高的突出优点，适用于各种情况下绝对压力的测量与控制。

（二）真空度传感器的特点及用途

采用低量程芯片真空绝压封装，产品具有高的过载能力。芯片采用真空充注硅油隔离、不锈钢薄膜过渡传递压力，具有优良的介质兼容性，适用于对 316L 不锈钢不腐蚀的绝大多数气液体介质真空压力的测量。其结构示意图如图 3-32 所示。

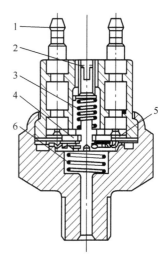

图 3-32　真空度报警传感器结构示意图
1—接线柱　2—调整螺杆　3—调整弹簧
4—触点　5—膜片　6—压力弹簧

二十二、电容式物位传感器

电容式物位传感器适用于工业企业进行测量和控制的生产过程，主要用作类导电与非导电介质的液体液位或粉粒状固体料位的远距离连续测量和指示。

电容式物位传感器由电容式传感器与电子模块电路组成，它以两线制 4 ~ 20mA 恒定电流输出为基型，经过转换，可以用三线或四线方式输出，输出信号为 1 ~ 5V、0 ~ 5V、0 ~ 10mA 等标准信号。电容式物位传感器由绝缘电极和装有测量介质的圆柱形金属容器组成。当料位上升时，因非导电物料的介电常数明显小于空气的介电常数，所以电容量随着物料高度的变化而变化。传感器的模块电路由基准源、脉宽调制、转换、恒流放大、反馈和限流等单元组成。采用脉宽调制原理进行测量的优点是，频率较低，对周围无射频干扰、稳定性好、线性好、无明显温度漂移等。其中，电容式微型真空传感器结构示意，如图 3-33 所示，电容式物位传感器结构示意，如图 3-34 所示。

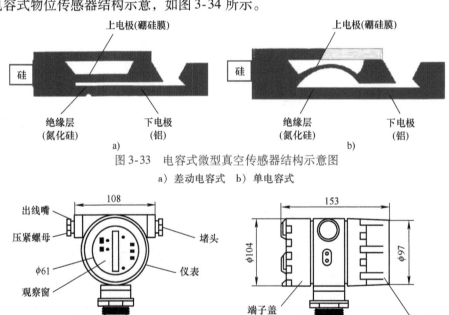

图 3-33　电容式微型真空传感器结构示意图

a）差动电容式　b）单电容式

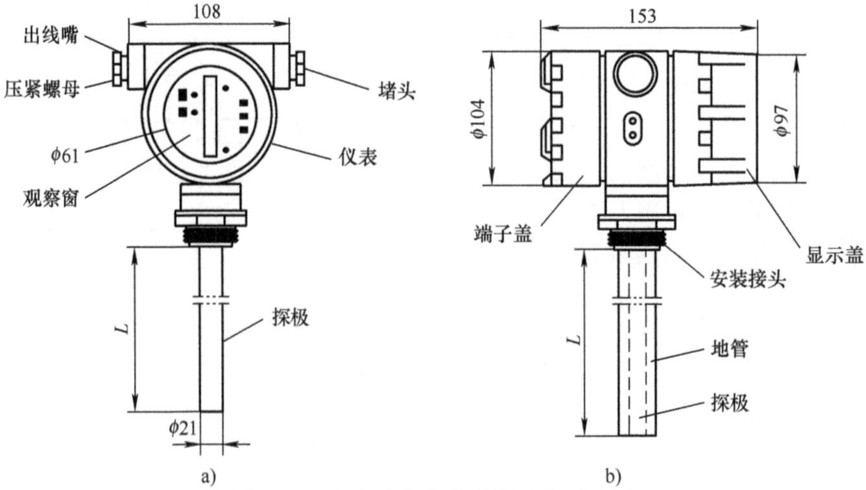

图 3-34　电容式物位传感器结构示意图

a）拧式探极（正面）　b）同轴探极（侧面）

二十三、锑电极酸度传感器

锑（Sb）电极酸度传感器是集 PH 检测、自动清洗、电信号转换为一体的工业在线分析仪表，它是由 Sb 电极与参考电极组成的 PH 值测量系统。在被测酸性溶液中，由于 Sb 电极表面会生成 Sb_2O_3 氧化层，这样在金属 Sb 面与 Sb_2O_3 之间会形成电位差。该电位差的大小取决于 Sb_2O_3 的浓度，该浓度与被测酸性溶液中 H 离子的适度相对应。如果把 Sb、Sb_2O_3 和水溶液的适度都当作 1，其电极电位就可用能斯特公式计算出来。

Sb 电极酸度传感器中的固体模块电路由两大部分组成。第一部分是电源电路，为了安全起见，电源部分采用交流 24V 为二次仪表供电。这一电源除为清洗电动机提供驱动电源外，还应通过电流转换单元转换成相应的直流电压，以供变送电路使用。第二部分是测量传感器电路，它把来自传感器的基准信号和 PH 酸度信号经放大后送给斜率调整和定位调整电路，以使信号内阻降低并可调节。将放大后的 PH 信号与温度补偿信号进行迭加后再差进转换电路，最后输出与 PH 值相对应的 4～20mA 恒流电流信号给二次仪表以完成显示并控制 PH 值。其各种安装形式，如图 3-35 所示。

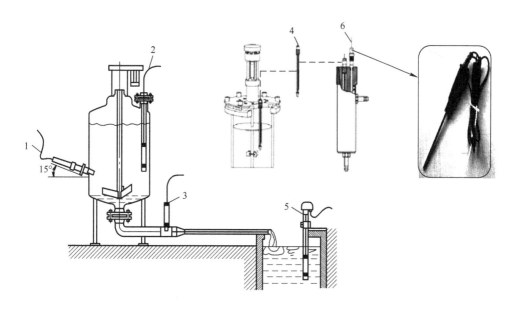

图 3-35　Sb 电极酸度传感器的各种安装形式

1—侧壁安装　2—顶部法兰式安装　3—管道安装
4—定插式安装　5—沉入式安装　6—流通式安装

二十四、酸、碱、盐浓度传感器

酸、碱、盐浓度传感器通过测量溶液电导值来确定浓度。它可以在线连续检测工业过程中酸、碱、盐在水溶液中的浓度含量。这种传感器主要应用于锅炉给水处理、化工溶液的配制以及环保等工业生产过程。

酸、碱、盐浓度传感器的工作原理是：在一定范围内，酸碱溶液的浓度与其电导率的大小成比例。因而，只要测出溶液电导率的大小便可得知酸碱浓度的高低。当被测溶液流入专用电导池时，如果忽略电极极化和分布电容，则可以等效为一个纯电阻。在有恒压交变电流流过时，其输出电流与电导率成线性关系，而电导率又与溶液中酸碱浓度成比例关系。因此，只要测出溶液电流，便可算出酸、碱、盐的浓度。

酸、碱、盐浓度传感器主要由电导池、电子模块、显示表头和壳体组成。电子模块电路则由激励电源、电导池、电导放大器、相敏整流器、解调器、温度补偿、过载保护和电流转换等单元组成。传感器及主要工作参数及实物图如图 3-36 所示。

测量参数	pH
工作原理	玻璃电极法
测量范围	(0~14)pH
分辨率	0.01pH
灵敏度	(57~59)pH
测量精度	<0.1pH
响应时间	<5s
通信接口	RS-485，标准MODBUS协议
尺寸规格	D30mm，L185mm，电缆5m
工作电压	DC12V/24V

图 3-36 酸、碱、盐浓度传感器及主要工作参数及实物图

二十五、电导传感器

它是通过测量溶液的电导值来间接测量离子浓度的流程仪表（一体化传感器），可在线连续检测工业过程中水溶液的电导率。

由于电解质溶液是与金属导体一样的电的良导体，因此电流流过电解质溶液时必有电阻作用，且符合欧姆定律。但液体的电阻温度特性与金属导体相反，具有负向温度特性。为区别于金属导体，电解质溶液的导电能力用电导（电阻的倒数）或电导率（电阻率的倒数）来表示，如图 3-37 所示。当两个互相绝缘的电极组成电导池时，若在其中间放置待测溶液，并通以恒压交变电流，就形成了电流回路。如果将电压大小和电极尺寸固定，则回路电流与电导率就存在一定的函数关系。这样，测出待测溶液中流过的电流，就能测出待测溶液的电导率。电导传感器的结构和电路与酸、碱、盐浓度传感器相同，如土壤电导率传感器（见图 3-38）。

图 3-37　电导传感器及其数据传输设备图　　　图 3-38　土壤电导率传感器

二十六、背景光亮度传感器

背景光亮度传感器是可根据外界某一方向环境光线的明暗，对照明设备进行控制，并且配合光电隔离输入控制模块，实现对场景（全开、全关等）、灯光、窗帘、空调等的控制；同时设定延时功能，防止光线瞬间变化的干扰。

背景光亮度传感器与太阳光传感器、智能太阳跟踪仪有相关性能的区别。应用时应注意区分和选用。

1）背景光亮度传感器：是指能感受光亮度并转换成可用输出信号的传感器。背景光亮度传感器安装示意图如图 3-39 所示。

2）太阳光传感器：它可识别水平、垂直各 360°及太阳所在位置；识别白天及晚上；识别晴天、多云、阴天及半阴天。其采用国际先进的太阳跟踪设备，根据电脑数据理论，需要地球经纬度地区的数据和

图 3-39　背景光亮度传感器安装示意图

设定进行支持。电路原理、设备技术复杂。还可识别电路处理和伺服驱动，采用数字芯片完成以上各信息的处理，可伺服各种普通电动机、步进电动机。

3）智能太阳跟踪仪：采用识别理论技术，电路简单、元件少，一年四季不用考虑太阳运行的路线。并且可将它安放在运行的车船上，不论向何方行驶，跟踪仪都能正对太阳，它都会准确无误的识别太阳升起和落下的位置。

二十七、空气能见度传感器

空气能见度传感器是通过测量空气中经过采样室的离散光粒子（烟雾、尘土、阴霾、雾、降雨和降雪）的总数来测量大气能见度（气象光学距离），一个 $42°$ 的前向散射角用于确认超宽范围的粒子尺寸。用户通过转换接收信号强度（消光系数 σ），使用科施米德（Koschmieder）方程来计算磁致旋光（Magneto - Optical Rotation，MOR）。

$$MOR(km) = 2.996/\sigma \tag{3-1}$$

（一）特点

一般可测试 16km 的能见度范围，具有灵活的输出选项，已经证明的 $42°$ 前向散射角，经过几何学设计可抵抗结冰、结构紧凑、重量轻、安装和维护方便。

（二）应用环境

1）道路气象信息系统（RWIS）。

2）机场气象系统（AWOS）。

3）公路和铁路隧道中的空气质量。

4）大雾探测网络。

5）大雾报警控制。

6）海上钻井平台。

7）港口安全。

8）边界安全。

9）冷却塔烟雾探测。

10）气象监测。

11）光学通信连接测试。

一种空气能见度传感器的实物图如图 3-40 所示。

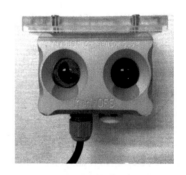

图 3-40　一种空气能见度
传感器的实物图

第四节　传感器的主要特性、技术特点及选择

传感器的特点包括：微型化、数字化、智能化、多功能化、系统化、网络化，它不仅促进传统产业的更新改造和升级换代，而且还可能建立新型工业，从

而成为 21 世纪新的经济增长点。微型化是建立在微机电系统（MEMS）技术基础上的，已成功应用在硅器件上制成硅压力传感器。

一、传感器的主要特性

（一）静态特性

传感器的静态特性是指在静态下输入信号，传感器的输出量与输入量之间所具有的相互关系。因为静态时的输入量和输出量都和时间无关，所以它们之间的关系，即传感器的静态特性可用一个不含时间变量的代数方程（或以输入量作为横坐标，把与其对应的输出量作为纵坐标而画出的特性曲线）来描述。表征传感器静态特性的主要参数有：线性度、灵敏度、迟滞差值、重复性、漂移、分辨率、阈值等。

1. 线性度

指传感器输出量与输入量之间的实际关系曲线偏离拟合直线的程度。定义为在全量程范围内，实际特性曲线与拟合直线之间的最大偏差值与满量程输出值之比。

2. 灵敏度

灵敏度是传感器静态特性的一个重要指标。其定义为输出量的增量与引起该增量的相应输入量的增量之比。用 S 表示灵敏度。

3. 迟滞差值

传感器在输入量由小到大（正行程）及输入量由大到小（反行程）变化期间，其输入输出特性曲线不重合的现象称为迟滞。对于同一大小的输入信号，传感器的正反行程输出信号大小不相等，这个差值称为迟滞差值。

4. 重复性

重复性是指传感器在输入量按同一方向作全量程连续多次变化时，所得特性曲线不一致的程度。

5. 漂移

传感器的漂移是指在输入量不变的情况下，传感器输出量随着时间而变化，此现象称为漂移。产生漂移的原因有两个方面：一是传感器自身结构参数；二是周围环境（如温度、湿度的变化等）。

6. 分辨率

当传感器的输入从非零值缓慢增加时，在超过某一增量后，输出发生可观测的变化，这个输入增量称为传感器的分辨率，即最小输入增量。

7. 阈值

当传感器的输入从零值开始缓慢增加时，在达到某一值后，输出发生可观测的变化，这个输入值称为传感器的阈值。

（二）动态特性

所谓动态特性，是指传感器在输入变化时，它的输出的特性。在实际工作中，传感器的动态特性常用它对某些标准输入信号的响应来表示。这是因为传感器对标准输入信号的响应容易用实验方法求得，并且它对标准输入信号的响应与它对任意输入信号的响应之间存在一定的关系，往往知道了前者就能推定后者。最常用的标准输入信号有阶跃信号和正弦信号，所以传感器的动态特性也常用阶跃响应和频率响应来表示。

1. 阶跃响应

系统在单位阶跃信号 $u(t)$ 的激励下产生的零状态响应，如图 3-41 所示。

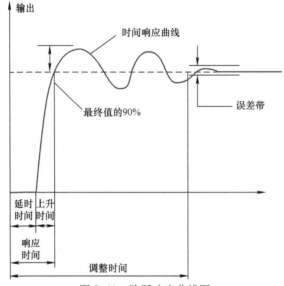

图 3-41　阶跃响应曲线图

对于一个线性非时变系统，其阶跃响应可以用单位阶跃函数 $H(t)$ 和系统冲激响应 $h(t)$ 的卷积来表示：

$$a(t) = h \times H(t) = H \times h(t)$$

$$= \int_{-\infty}^{+\infty} h(\tau)H(t-\tau)\mathrm{d}\tau = \int_{-\infty}^{t} h(\tau)\mathrm{d}\tau \tag{3-2}$$

式中，t 为响应时间。

若针对一般的动态系统，其阶跃响应可定义如下：

$$x\Big|_{t} = \Phi_{\{H(t)\}(t,x_0)} \tag{3-3}$$

式中，$H(t)$ 为下标。阶跃响应是系统输入单位阶跃函数时的演化函数（Evolution Function）。

　　例如，一阶 RC 电路的阶跃响应，没有过冲及振铃，在3倍时间常数时输出达到输入的95%，考虑图3-42所示的 RC 电路，频域下输出电压 V_c 和输入电压 V_{in} 的关系可表示为式（3-4）：

$$V_c(s) = \frac{1/Cs}{R + 1/Cs} V_{in}(s) = \frac{1}{1 + RCs} V_{in}(s) = \frac{1}{1 + \tau s} V_{in}(s) \tag{3-4}$$

式中，$\tau = RC$ 为此系统的时间常数，考虑以下形式的输入电压 $V_{in}(t)$：

$$\left. \begin{array}{l} V_{in}(t) = 0, \quad t \leqslant 0 \\ V_{in}(t) = V_{in}, \quad t > 0 \end{array} \right\} \tag{3-5}$$

则输出电压 $V_c(t)$ 可以表示为以下的形式：

$$V_c(t) = V_{in}\left(1 - e^{-\frac{t}{\tau}}\right) \tag{3-6}$$

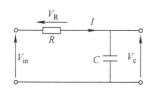 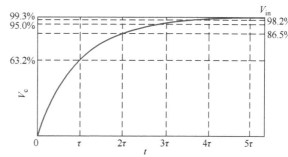

图3-42　一阶 RC 电路图及输出电压曲线图

2. 频率响应

　　频率响应是指将一个以恒电压输出的音频信号与系统相连接时，音频输出装置产生的声压随频率的变化而发生增大或衰减、相位随频率发生变化的现象。这种声压和相位与频率相关联的变化关系称为频率响应。

　　频率响应也叫频率特性。在额定的频率范围内，输出电压幅度的最大值与最小值之比以分贝数（dB）来表示。频率响应在电能质量概念中通常是指系统或计量传感器的阻抗随频率的变化。图3-43为较理想的音频输出频率响应曲线。

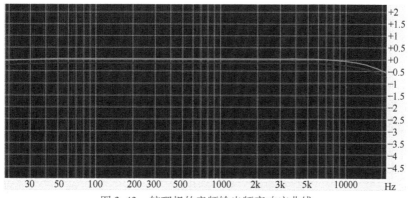

图3-43　较理想的音频输出频率响应曲线

（三）线性度

线性度是描述传感器静态特性的一个重要指标，以被测输入量处于稳定状态为前提。在规定条件下，传感器校准曲线与拟合直线间的最大偏差（ΔY_{max}）与满量程输出（Y）的百分比，称为线性度 δ（线性度又称非线性误差），该值越小，表明线性特性越好。其计算公式为

$$\delta = (\Delta Y_{max}/Y) \times 100\% \tag{3-7}$$

以上说到了"拟合直线"的概念，拟合直线是一条通过一定方法绘制出来的直线，求拟合直线的方法有端基法和最小二乘法等。

精度是由传感器的基本误差极限和影响量（如温度变化、湿度变化、电源波动、频率改变等）引起的改变量极限确定。

通常情况下，传感器的实际静态特性输出是曲线而非直线。在实际工作中，为使仪表具有均匀刻度的读数，常用一条拟合直线近似代表实际的特性曲线，线性度（非线性误差）就是这个近似程度的一个性能指标，图 3-44 所示为传感器线性度的曲线示意图。

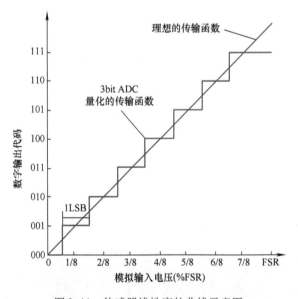

图 3-44 传感器线性度的曲线示意图

拟合直线的选取有多种方法，如将零输入和满量程输出点相连的理论直线作为拟合直线；或将与特性曲线上各点偏差的平方和为最小的理论直线作为拟合直线，此拟合直线称为最小二乘法拟合直线。

（四）灵敏度

灵敏度是指传感器在稳态工作时，指定输出量或输出量变化 Δy 与指定输入

量或输入量变化 Δx 的比值。

它是输出－输入特性曲线的斜率。如果传感器的输出和输入之间呈线性关系，则灵敏度 S 是一个常数。否则，它将随输入量的变化而变化。

灵敏度的量纲是输出、输入量的量纲之比。例如，某位移传感器，在位移变化 1mm 时，输出电压变化为 200mV，则其灵敏度应表示为 200mV/mm。

当传感器的输出、输入量的量纲相同时，灵敏度可理解为放大倍数。

提高灵敏度，可得到较高的测量精度。但灵敏度越高，测量范围越窄，稳定性也往往越差。

（五）分辨率

分辨率是指传感器可感受到的被测量最小变化的能力。也就是说，如果输入量从某一非零值缓慢变化，当输入变化值未超过某数值时，传感器的输出不会发生变化，即传感器对此输入量的变化是分辨不出来的。只有当输入量的变化超过分辨率时，其输出才会发生变化。

通常传感器在满量程范围内各点的分辨率并不相同，因此，常用满量程中，能使输出量产生阶跃变化的输入量中的最大变化值为衡量分辨率的指标。上述指标若用满量程的百分比表示，则称为分辨率。分辨率与传感器的稳定性有负相相关性。

二、传感器的技术特点

（一）发展状况

中国传感器产业正处于由传统型向新型传感器发展的关键阶段，它体现了新型传感器向微型化、多功能化、数字化、智能化、系统化和网络化发展的总趋势。传感器技术历经了多年的发展，其技术的发展大体可分三代：

1）第一代是结构型传感器，它利用结构参量变化来感受和转化信号。

2）第二代是 20 世纪 70 年代发展起来的固体型传感器，这种传感器由半导体、电介质、磁性材料等固体元件构成，是利用材料的某些特性制成，如利用热电效应、霍尔效应、光敏效应，分别制成热电偶传感器、霍尔传感器、光敏传感器。

3）第三代是 2000 年之后发展起来的智能型传感器，是微型计算机技术与检测技术相结合的产物，使传感器具有一定的人工智能。

（二）技术及产业特点

传感器技术及其产业的特点可以归纳为：基础和应用两头依附；技术和投资两个密集；产品和产业两大分散。

（三）基础和应用两头依附特点

基础依附，是指传感器技术的发展依附于敏感机理、敏感材料、工艺设备和计测技术这 4 块基石。敏感机理千差万别，敏感材料多种多样，工艺设备各不相同，计测技术大相径庭，没有上述 4 块基石的支撑，传感器技术难以发展。应用依附是指传感器技术基本上属于应用技术，其市场开发多依赖于检测装置和自动控制系统的应用，才能真正体现出它的高附加效益并形成现实市场。即，发展传感器技术要以市场为导向，实行需求牵引。

（四）技术和投资两个密集特点

技术密集是指传感器在研制和制造过程中技术的多样性、边缘性、综合性和技艺性。它是多种高技术的集合产物。由于技术密集，也自然要求人才密集。

投资密集是指研究开发和生产某一种传感器产品要求一定的投资强度，尤其是在工程化研究以及建立规模经济生产线时，更要求较大的投资。

（五）产品和产业两大分散特点

产品结构和产业结构的两大分散是指传感器产品的品种繁多（现在统计的共 10 大类、42 小类，近 6000 个品种），其应用渗透到各个产业部门，它的发展既有各产业发展的推动力，又强烈依赖于各产业的支撑作用。只有按照市场需求，不断调整产业结构和产品结构，才能实现传感器产业的全面、协调、持续发展。

三、传感器的选择

（一）选型原则

进行具体的测量工作，首先要考虑采用何种原理的传感器，这需要分析多方面的因素之后才能确定。因为即使是测量同一物理量，也有多种原理的传感器可供选用，哪一种原理的传感器更为合适，则需要根据被测量的特点和传感器的使用条件，考虑以下一些具体问题：量程的大小；被测位置对传感器体积的要求；测量方式为接触式还是非接触式；信号的引出方法是有线还是非接触测量；传感器的来源，国产还是进口，价格能否承受，是否为自行研制。

在考虑上述问题之后就能确定选用何种类型的传感器，然后再考虑传感器的具体性能指标。

1. 灵敏度的选择

通常，在传感器的线性范围内，希望传感器的灵敏度越高越好。因为只有灵敏度高时，与被测量变化对应的输出信号的值才比较大，有利于信号处理。但要注意的是，传感器的灵敏度高，与被测量无关的外界噪声也容易混入，也会被放大系统放大，影响测量精度。因此，要求传感器本身应具有较高的信噪比，尽量减少从外界引入的干扰信号。

传感器的灵敏度是有方向性的。当被测量是单向量，而且对其方向性要求较高，则应选择其他方向灵敏度小的传感器；如果被测量是多维向量，则要求传感器的交叉灵敏度越小越好。

2. 频率响应特性的选择

传感器的频率响应特性决定了被测量的频率范围，必须在允许频率范围内保持不失真。实际上传感器的响应总有一定延迟，希望延迟时间越短越好。

传感器的频率响应越高，可测的信号频率范围就越宽。

在动态测量中，应根据信号的特点（稳态、瞬态、随机等）响应特性，以免产生过大的误差。

3. 线性范围的选择

传感器的线形范围是指输出与输入成正比的范围。从理论上讲，在此范围内，灵敏度保持定值。传感器的线性范围越宽，则其量程越大，并且能保证一定的测量精度。在选择传感器时，当传感器的种类确定以后首先要看其量程是否满足要求。

但实际上，任何传感器都不能保证绝对的线性，其线性度也是相对的。当所要求测量精度比较低时，在一定的范围内，可将非线性误差较小的传感器近似看作线性的，这会给测量带来极大的方便。

4. 稳定性的选择

传感器使用一段时间后，其性能保持不变的能力称为稳定性。影响传感器长期稳定性的因素除传感器本身结构外，主要是传感器的使用环境。因此，要使传感器具有良好的稳定性，传感器必须要有较强的环境适应能力。

在选择传感器之前，应对其使用环境进行调查，并根据具体的使用环境选择合适的传感器，或采取适当的措施，减小环境的影响。

传感器的稳定性有定量指标，在超过使用期后，在使用之前应重新进行标定，以确定传感器的性能是否发生变化。

在某些要求传感器能长期使用而又不能轻易更换或标定的场合，所选用的传感器稳定性要求更严格，要能够经受住长时间的考验。

5. 精度的选择

精度是传感器的一个重要性能指标，它是关系到整个测量系统测量精度的一个重要环节。传感器的精度越高，其价格越昂贵，因此，传感器的精度只要满足整个测量系统的精度要求就可以，不必选得过高。这样就可以在满足同一测量目的的诸多传感器中选择比较便宜和简单的传感器。

如果测量目的是定性分析的，选用重复精度高的传感器即可，不宜选用绝对量值精度高的；如果是为了定量分析，必须获得精确的测量值，就需选用精度等级能满足要求的传感器。

对某些特殊使用场合，无法选到合适的传感器，则需自行设计制造传感器。自制传感器的性能应满足使用要求。

（二）使用选择

1. 对数量和量程的选择

传感器数量的选择是根据电子衡器的用途、秤体需要支撑的点数（支撑点数应根据使秤体几何重心和实际重心重合的原则而确定）而定。一般来说，秤体有几个支撑点就选用几个传感器，但是对于一些特殊的秤体（如电子吊钩秤）就只能采用一个传感器，一些机电结合秤就应根据实际情况来确定选用传感器的个数。

传感器量程的选择可依据秤的最大称量值、选用传感器的个数、秤体的自重、可能产生的最大偏载及动载等因素综合评价来确定。一般来说，传感器的量程越接近分配到每个传感器的载荷，其称量的准确度就越高。但在实际使用时，由于加在传感器上的载荷除被称物体外，还存在秤体自重、皮重、偏载及振动冲击等载荷，因此选用传感器量程时，要考虑诸多方面的因素，保证传感器的安全和寿命。

传感器量程的计算公式是在充分考虑影响秤体的各个因素后，经过大量实验确定的。

称重传感器量程选择常见公式如下：

$$C = (K_{-0}) \times (K_{-1}) \times (K_{-2}) \times (K_{-3}) \times (W_{max} + W)/N \qquad (3-8)$$

式中，C 为单个传感器的额定量程；W 为秤体自重；W_{max} 为被称物体净重的最大值；N 为秤体所采用支撑点的数量；K_{-0} 为保险系数，一般取值为 1.2 ~ 1.3；K_{-1} 为冲击系数；K_{-2} 为秤体的重心偏移系数；K_{-3} 为风压系数。

根据经验，一般应使传感器工作在其量程的 30% ~ 70%，但对于一些在使用过程中存在较大冲击力的衡器，如动态轨道衡、动态汽车衡、钢材秤等，在选用传感器时，一般要扩大其量程，使传感器工作在其量程的 20% ~ 30%，使传感器的称量储备量增大，以保证传感器的使用安全和寿命。

例如，一台 30t 的电子汽车衡，最大称量是 30t，秤体自重为 1.9t，采用 4 个传感器，根据当时的实际情况，选取保险系数 $K_{-0} = 1.25$，冲击系数 $K_{-1} = 1.18$，重心偏移系数 $K_{-2} = 1.03$，风压系数 $K_{-3} = 1.02$，试确定传感器的吨位。

解：

根据传感器量程计算公式：

$$C = (K_{-0}) \times (K_{-1}) \times (K_{-2}) \times (K_{-3}) \times (W_{max} + W)/N$$

可知，$C = 12.36t$。

因此，可选用量程为 15t 的传感器（传感器的吨位一般只有 10t、15t、20t、25t、30t、40t、50t 等，除非特殊订做）。

2. 对适用范围的选择

传感器的准确度等级包括传感器的非线形、蠕变、蠕变恢复、滞后、重复性、灵敏度等技术指标。在选用传感器的时候，不要单纯追求高等级的传感器，而既要考虑满足电子秤的准确度要求，又要考虑其成本。

3. 对等满足条件等级的选择

（1）满足仪表输入的要求　称重显示仪表是对传感器的输出信号经过放大、A/D 转换等处理之后显示称量结果的。因此，传感器的输出信号必须大于或等于仪表要求的输入信号大小，即将传感器的输出灵敏度代入传感器和仪表的匹配公式，计算结果需大于或等于仪表要求的输入灵敏度。

（2）满足整台设备准确度的要求　一台电子秤主要是由秤体、传感器、仪表三部分组成，在对传感器准确度选择的时候，应使传感器的准确度略高于理论计算值，因为理论往往受到客观条件的限制，如秤体的强度差一点、仪表的性能不是很好、秤的工作环境比较恶劣等因素，都直接影响到秤的准确度要求，因此要从各方面提高要求，又要考虑经济效益，确保达到目的。

四、环境对传感器的影响

环境对传感器造成的影响主要有以下几个方面：

（一）高温/低温环境对传感器的影响

高温/低温环境对传感器造成涂覆材料熔化、老化、冻裂、焊点开化、弹性体内应力发生结构变化等问题。对于高温环境下工作的传感器，常采用耐高温传感器；另外，必须加有隔热、水冷或气冷等装置；低温环境下工作的传感器，在不破坏检测值的数值和精度的前提下，应设置防冻层。

（二）粉尘、潮湿对传感器的影响

粉尘、潮湿对传感器往往造成短路的影响。在此环境条件下，应选用密闭性很高的传感器。不同的传感器其密封的方式是不同的，其密封方式存在着很大差异。常见的密封有密封胶填充或涂覆；橡胶垫机械紧固密封；焊接（氩弧焊、等离子束焊）和抽真空充氮密封等。从密封效果来看，焊接密封为最佳，填充/涂覆密封胶为最差。对于室内干净、干燥环境下工作的传感器，可选择涂胶密封的传感器，而对于一些在潮湿、粉尘性较高的环境下工作的传感器，应选择膜片热套密封或膜片焊接密封、抽真空或充氮的传感器。

在腐蚀性较高的环境（如潮湿、酸性）下，对传感器造成弹性体受损或产生短路等影响，应选择对外表面进行喷塑或不锈钢外罩、抗腐蚀性能好且密闭性好的传感器。

（三）电磁场对传感器输出信号的影响

电磁场对传感器输出紊乱信号的影响，在此情况下，应对传感器的屏蔽性进行严格检查，并进行"电磁兼容"检验，看其是否具有良好的抗电磁场能力。

（四）具有易燃、易爆物品环境对传感器的影响

易燃、易爆物品不仅对传感器造成彻底性的损害，而且还给其他设备和人身安全造成很大的威胁。因此，在易燃、易爆环境下工作的传感器对防爆性能提出了更高的要求。在易燃、易爆环境下，必须选用防爆传感器，这种传感器的密封外罩不仅要考虑其密闭性，还要考虑到防爆强度，以及电缆线引出头的防水、防潮、防爆性等。

第四章

常用传感器剖析

第一节 电阻式传感器

一、电阻式传感器概述

(一) 定义

将被测量转换为电阻变化的一种传感器，称为电阻式传感器。它是一种能量控制型传感器。

(二) 特点

电阻式传感器结构简单、易于制造、价格便宜、性能稳定、输出功率大，故应用广泛。电阻式传感器的组成结构图如图 4-1 所示。

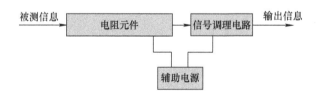

图 4-1 电阻式传感器的组成结构图

二、电阻式传感器的工作原理

根据电工理论，导体的阻值 R 由 3 个参数组成——电阻率 (ρ)、长度 (l) 和截面积 (A)，按照式 (4-1) 变化。

$$R = \rho \frac{l}{A} \tag{4-1}$$

电阻式传感器又可分为电位器式传感器和电阻应变式传感器。

三、电阻式传感器的特点

（一）电阻式传感器的优点

1）结构简单：通常由电阻元件及电刷（活动触点）等基本部分组成，结构不复杂，设计和制造相对容易。

2）成本低廉：因结构简单且使用的材料常见、加工工艺相对简单，所以制造成本低，价格便宜。

3）性能稳定：在一定的环境条件下，电阻式传感器的性能较为稳定，受环境因素（如温度、湿度、电磁场干扰等）影响小，能够在多种环境下可靠工作。

4）输出信号大：一般情况下输出信号较大，通常不需要放大处理，后续信号处理电路相对简单。

5）应用范围广：可用于测量多种物理量（如位移、力、压力、加速度、扭矩等），适用于许多不同的领域和应用场景。

6）线性度较好：在一定范围内，电阻的变化与被测量的变化之间存在较好的线性关系，这使得测量结果的准确性和可靠性较高。

（二）电阻式传感器的缺点

1）对于大应变情况，存在较大的非线性，且输出信号相对较弱。

2）随着时间和环境的变化，构成传感器的材料和器件性能会发生变化。因此不适用于长期监测，因为时漂、温漂较大，长期监测可能就无法取得真实有效的数据。

3）易受到电场、磁场、振动、辐射、气压、声压、气流等的影响。

（三）电位器式传感器

1. 工作原理

电位器式传感器又称变阻式传感器，一般为绕线式电位器，如图 4-2 所示。电位器式传感器在结构组成上有"直线位移型变阻式传感器""角位移型变阻式传感器"和"非线性型变阻式传感器"。根据结构形式的不同，又可分为绕线式、薄膜式、光电式等。

以绕线式变阻式传感器为例，当滑臂触点从一圈导线移动至下一圈时，电阻值的变化是台阶式的，限制了电位器的分辨率。实际上，对于直线位移型变阻式传感器，其分辨率由绕线间的密度决定，对直线移动型传感器，绕线间密度的单位通常有：线（匝）/毫米(n/mm)、线（匝）/厘米（n/cm）等，表示单位长度内的绕线数量。实际上绕线间密度能达到 25n/mm，所以分辨率最小值为 0.04mm；对于一个直径为 5cm 的单线圈转动式电位器，其能达到的最好的角分辨率约为 0.1°。由此可计算出电阻值的分辨率。

当组成电阻的导体线径一定且均匀分布时，其电阻值只与长度或角度成正比

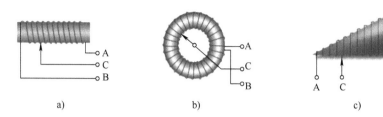

图 4-2 电位器式传感器

a）直线位移型　b）角位移型　c）非线性型

关系。

即，
$$R = \rho \frac{l}{A} = Kl \tag{4-2}$$

式中，K 是比例系数，$K = \rho / A$；ρ 是电阻率；A 是截面积；l 是长度。

2. 电位器式传感器的特点

（1）优点

结构简单、工作稳定、输出信号大、性能稳定、精度较高、可重复性好、价格低廉、易于实现函数关系转换、使用方便。

（2）缺点

1）因受到电阻丝直径的限制，分辨率不高。

2）输出电阻值为非连续数值，会产生一定误差。

3）因电刷与电阻元件之间接触面的变动和摩擦磨损、尘埃及杂物的附着，会使电阻值发生不规则变化，产生噪声。

4）动态响应较差，仅适用于测量变换较慢的被测量。

3. 电位器式传感器的测量电路分析

电位器式传感器的测量电路图如图 4-3 所示。

负载电压与输入电压之间的关系，其与电位器结构的长度（角度）的关系，见式（4-3）。

$$e_y = e_0 \frac{1}{\dfrac{x_p}{x} + \left(\dfrac{R_p}{R_L}\right)\left(1 - \dfrac{x}{x_p}\right)} \qquad e'_y = \frac{x}{x_p} e_0 \tag{4-3}$$

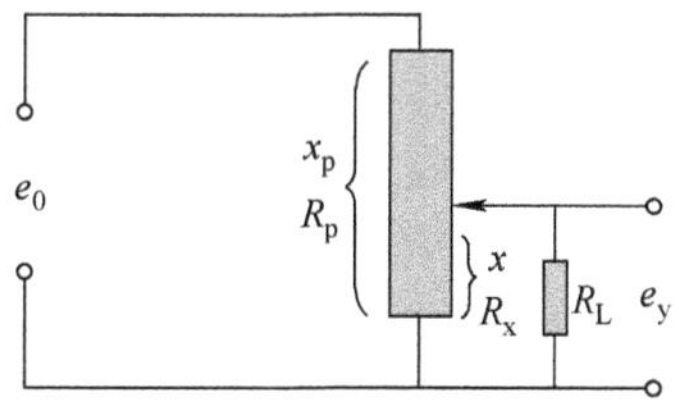

图 4-3 电位器式传感器的测量电路图

e_0—输入信号电压　e_y—输出信号电压

R_p—电位器总阻值　R_x—电位器取值部分阻值

R_L—负载电阻阻值　x_p—电位器总长度

x—电位器取值部分长度

所以，为了减小后接电路的负载效应，应使 $R_L \gg R_p$。其负载效应曲线图如图 4-4 所示。负载效应是指：仅当由于负载的变化而引起输出稳定量的变化的效应。所以，

69

在电路中，应尽量避免或减小负载效应。

图4-4中，当 $R_L \gg R_p$ 时，其信号输出与信号输入基本上呈线性关系，输出/输入基本上为一条直线，负载效应不明显，当 $R_L \leqslant R_p$ 时，输出信号显著下降，输出/输入呈一条曲线，负载效应明显。

4. 电位器式传感器的应用

煤气包存储量的检测原理：钢丝绳即为一电阻；置于弹性绳盘中，绳盘即为一电位器；当钢丝绳收于绳盘时，绳盘中的计数器记录收线圈数，即，由置于煤气包

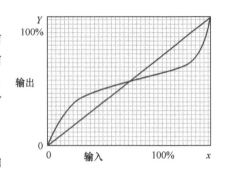

图 4-4 电位器式传感器的测量电路负载效应曲线图

中的空余量，可计算出煤气的存储量，检测原理图如图 4-5 所示。

图 4-5 煤气包存储量的检测原理图

（四）压阻式传感器

有些固体材料在某一轴向受到外力作用时，除了产生变形外，其电阻率 ρ 也要发生变化，这种由于应力作用而使材料电阻率发生变化的现象称为压阻效应。半导体材料的压阻效应特别强。利用压阻效应制成的传感器称为压阻式传感器。

压阻式传感器的灵敏度高、分辨率高、频率响应好、体积小。它主要用于测量压力、加速度和载荷等参数。

1. 压阻式传感器的分类

压阻式传感器是利用半导体材料的压阻效应制成的一种纯电阻性元件。它主要有3种类型：体型、薄膜型和扩散型。

（1）半导体型压阻传感器

利用半导体材料电阻制成粘贴式的应变片（半导体应变片），用此应变片制成的传感器称为半导体型压阻传感器，也称为半导体应变式传感器，其工作原理是基于半导体材料的压阻效应。这是一种将半导体材料（硅或锗晶体）按一定方向切割成的片状小条，经腐蚀压焊粘贴在基片上而成的应变片，结构如图4-6所示。

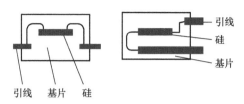

图 4-6　半导体型压阻传感器的半导体应变片结构图

（2）薄膜型压阻传感器

薄膜型压阻传感器是利用真空沉积技术将半导体材料沉积在带有绝缘层的试件上制成的，结构如图 4-7 所示。

（3）扩散型压阻传感器

扩散型压阻传感器是在半导体材料的基片上利用集成电路工艺制成扩散电阻，将 P 型杂质扩散到 N 型硅单晶基底上，形成一层极薄的 P 型导电层，再通过超声波和热压焊法接上引出线，就形成了扩散型半导体应变片，结构如图 4-8 所示。

它是一种应用很广的半导体应变片。扩散型压阻传感器的基片是半导体单晶硅。

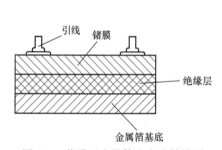

图 4-7　薄膜型半导体应变片结构图

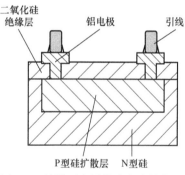

图 4-8　扩散型半导体应变片结构图

2. 压阻式传感器的工作原理

压阻式传感器是用半导体材料制成的，其工作原理是基于半导体材料的压阻效应，当半导体应变片受轴向力作用时，其电阻率发生变化。其电阻相对变化见式（4-4）。

$$\left.\begin{array}{l} \dfrac{\frac{\mathrm{d}R}{R}}{\varepsilon} = 1 + 2\mu + \dfrac{\frac{\mathrm{d}\rho}{\rho}}{\varepsilon} \\[4mm] \varepsilon = \dfrac{\frac{\mathrm{d}R}{R} - \frac{\mathrm{d}\rho}{\rho}}{1 + 2\mu} \end{array}\right\} \tag{4-4}$$

式中，ρ 是电阻率；μ 是泊松比；ε 是应变。

用应变片测量应变或应力时，在外力作用下，被测对象产生微小机械变形，应变片随着发生相同的变化，同时应变片电阻值也发生相应变化。半导体应变片与金属应变片相比，最突出的优点是它的体积小而灵敏度高。

3. 温度误差及温度补偿

由于半导体材料对温度很敏感，压阻式传感器的电阻值及灵敏度随温度变化而发生变化，引起的温度误差分别为零漂和灵敏度温漂。压阻式传感器一般在半导体基片上扩散 4 个电阻，当 4 个电阻的阻值相等或相差不大、电阻温度系数也相同时，其零漂和灵敏度温漂都会很小，但工艺上难以实现。由于温度误差较大，压阻式传感器一般都要进行温度补偿。

4. 压阻式传感器的应用

利用半导体压阻效应，可设计成多种类型的压阻式传感器。压阻式传感器体积小、结构简单、灵敏度高、能测量十几 μPa 的微压、动态响应好、长期稳定性好、滞后和蠕变小、频率响应高、便于生产、成本低。因此，它在测量压力、压差、液位、物位、加速度和流量等方面得到了普遍应用。

（1）压力测量 压阻式压力传感器由外壳、硅膜片（硅环）和引线等组成。结构示意图如图 4-9 所示。

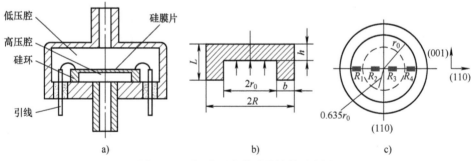

图 4-9 压阻式压力传感器结构示意图

a）结构图 b）硅环 c）电阻分布

（2）液位测量 它是根据液面高度与液压成比例的原理工作的。投入式液位传感器安装方便，可适应于深度为几米至几十米且混有大量污物、杂质的水或其他液体的液位测量，结构如图 4-10 所示。

（3）加速度测量 它的悬臂梁直接用单晶硅制成，在悬臂梁的根部扩散 4 个阻值相同的电阻，构成差动全桥。在悬臂梁的自由端装 1 个质量块，当传感器受到加速度作用时，由于惯性，质量块使悬臂梁发生形变

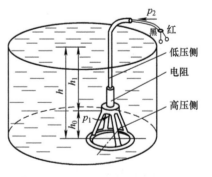

图 4-10 投入式液位传感器结构图

而产生应力，该应力使扩散电阻的阻值发生变化，由电桥的输出信号可获得加速度的大小。其示意图如图 4-11 所示。

随着集成化技术的发展，集成化、多功能化、智能化的各类混合集成和单片集成式传感器被广泛应用。集成化传感器有压阻式、电容式，其中压阻式集成化传感器发展快、应用广。

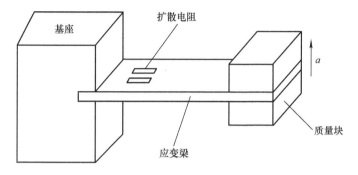

图 4-11　压阻式加速度传感器结构示意图

四、常用金属电阻丝材料的性能

常用于传感器的金属电阻丝材料的性能见表 4-1。

表 4-1　常用于传感器的金属电阻丝材料的性能

材料	成分		灵敏度 K_s	电阻率 $\mu\Omega \cdot mm$ (20℃)	电阻温度系数 $\times 10^{-6}$ (0~100℃)	最高使用温度/℃	对铜的热电势 CuV/℃	线膨胀系数 $\times 10^{-6}/℃^{-1}$
	元素	%						
康铜	Ni	45	1.9~2.1	0.25~4.5	±20	300（静态）400（动态）	43	15
	Cu	55						
镍铬合金	Ni	80	2.1~2.3	0.9~1.1	110~130	450（静态）800（动态）	3.8	14
	Cr	20						
镍铬铝合金 6J22	Ni	74	2.4~2.6	1.24~1.42	±20	450（静态）800（动态）	3	13.3
	Cr	20						
	Al	3						
	Cu	3						
镍铬铝合金 6J23	Ni	75	2.4~2.6	1.24~1.42	±20	450（静态）800（动态）	3	13.3
	Cr	20						
	Al	3						
	Cu	3						
铁镍铝合金	Fe	70	2.8	1.3~1.5	30~40	700（静态）1000（动态）	2~3	14
	Ni	25						
	Al	5						

（续）

材料	成分		灵敏度 K_s	电阻率 μΩ·mm (20℃)	电阻温度系数 ×10⁻⁶ (0~100℃)	最高使用温度/℃	对铜的热电势 CuV/℃	线膨胀系数 ×10⁻⁶/℃⁻¹
	元素	%						
铂	Pt	100	4~6	0.09~0.11	3900	800（静态）1000（动态）	7.5	8.9
铂钨合金	Pt W	92 8	3.5	0.68	227	800（静态）1000（动态）	6.1	较好综合性能，线膨胀系数可达到8以上

第二节　电阻应变式传感器

一、电阻应变片的结构

电阻应变片又称电阻应变计，它的结构形式较多，但其主要组成部分基本相同，是由基底、敏感栅和覆盖层等组成。其示意图如图4-12所示。

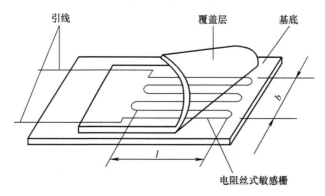

图4-12　金属电阻应变片结构示意图

（一）敏感栅

实现应变到电阻转换的敏感元件。通常由直径为0.015~0.05mm的金属丝绕成栅状，或用金属箔腐蚀成栅状。

（二）基底

为保持敏感栅固定的形状、尺寸和位置，通常用粘结剂将其固结在纸质或胶质的基底上。基底必须很薄，一般为0.02~0.04mm。

74

（三）引线

起着敏感栅与测量电路之间的过渡连接和引导作用。通常取直径 0.1 ~ 0.15mm 的低阻镀锡铜线，并用钎焊与敏感栅端连接。

（四）覆盖层

用纸、胶制作成覆盖在敏感栅上的保护层，起着防潮、防蚀、防损等作用。

（五）粘结剂

制造应变计时，用它分别把覆盖层和敏感栅固结于基底；使用应变计时，用它把应变计基底粘贴在试件表面的被测部位，也起着传递应变的作用。

二、电阻应变式传感器组成

电阻应变式传感器组成结构图如图 4-13 所示。

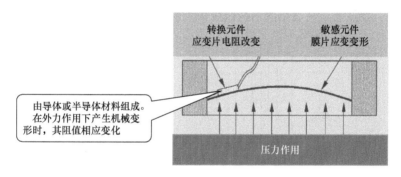

图 4-13　电阻应变式传感器组成结构图

图 4-13 中，电阻应变式传感器由应变膜片（敏感元件）、应变电阻变化转变器（转换元件）组成。

根据应变材料，分为金属电阻应变片式与半导体应变片式，均为压阻式。

三、传感器对电阻应变片的要求

1）应变灵敏度高，且线性范围宽。

2）电阻率大。

3）电阻稳定性好、温度系数小。

4）易于焊接，对引线材料的接触电势小。

5）抗氧化能力高、耐腐蚀、耐疲劳，机械强度高，具有优良的机械加工性能。

四、电阻应变片的分类

按照电阻应变片的制造方法、工作温度及用途，可以对电阻应变片进行不同的分类。

（一）金属丝式电阻应变片

金属丝式电阻应变片由基体材料、金属应变丝或应变箔、绝缘保护片和引出线等部分组成。金属丝式电阻应变片有回线式和短接式两种。回线式最为常用，制作简单，性能稳定，成本低，易粘贴，但横向效应较大。金属丝式电阻应变片的敏感栅由直径 $0.01 \sim 0.05$ mm 的电阻丝平行排列而成。应变片的阻值为几十 $\Omega \sim$ 几十 $k\Omega$。其结构如图 4-14 所示。

（二）金属箔式电阻应变片

它的敏感栅是通过光刻、腐蚀等工艺制成。将合金先轧成厚度为 $0.002 \sim 0.01$ mm 的箔材，经过热处理后在其中一面涂刷一层 $0.03 \sim 0.05$ mm 厚的树脂胶，再经聚合固化形成基底。在另一面经照相制版、光刻、腐蚀等工艺制成敏感栅，焊上引线，并涂上与基底相同的树脂胶作为覆盖片。其结构如图 4-15 所示。

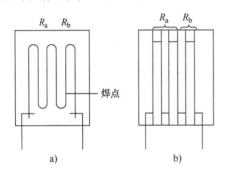 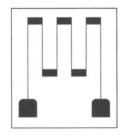

图 4-14　金属丝式电阻应变片结构图　　图 4-15　金属箔式电阻应变片结构图
a) 回线式　b) 短接式

金属箔式电阻应变片的主要特点：

1）工艺上，它能保证敏感栅尺寸准确、线条均匀。大批量生产时，电阻值一致性好、离散程度小。

2）金属箔式电阻应变片的敏感栅的横截面积为矩形，表面积和截面积之比大，散热性能好、允许通过的电流较大、灵敏度较高。

3）金属箔式电阻应变片比金属丝式电阻应变片厚度薄，其厚度一般为 $0.003 \sim 0.01$ mm，由于它的厚度薄，具有较好的可绕性，因此可以根据需要制成任意形状的敏感栅和微型小基长（如基长为 0.1 mm），有利于传递变形。

4）由于金属箔式电阻应变片的特殊工艺，适合批量生产，且生产效率高。

（三）金属薄膜式电阻应变片

薄膜，一般指厚度不超过 $0.1\ \mu m$ 的膜。金属薄膜式电阻应变片是采用真空蒸镀、沉积或溅射式阴极扩散等方法，按规定图形制成的掩膜板，在很薄的绝缘基底材料上制成一层金属电阻材料薄膜以形成敏感栅，再加上保护层而制成。其工作原理图如图 4-16 所示。

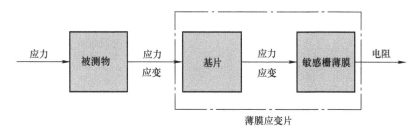

图 4-16　金属薄膜式电阻应变片工作原理图

金属薄膜式电阻应变片可以采用一些高温材料制成、可以在高温条件下工作。例如，采用铂或铬等材料沉积在蓝宝石薄片上或覆有陶瓷绝缘层的钼条上，工作温度范围在 600 ~ 800℃。

若按照工作温度进行分类，可将电阻应变计分为低温（ -30℃ 以下）、常温（ -30 ~ 60℃）、中温（60 ~ 300℃）和高温（300℃ 以上）几种应变计。

五、金属电阻应变式传感器工作原理

金属电阻应变片的电阻值为

$$R = \frac{\rho l}{A}, A = \pi r^2 \tag{4-5}$$

式中，r 是电阻丝的半径；其余参数解释见式（4-1）。

对式（4-5）进行全微分，并用相对变化量来表示，得

$$\frac{\Delta R}{R} = \frac{\Delta l}{l} - \frac{\Delta A}{A} + \frac{\Delta \rho}{\rho} = (1 + 2\mu)\varepsilon + \lambda E\varepsilon \tag{4-6}$$

式中，$(1 + 2\mu)\varepsilon$ 是由电阻丝几何尺寸改变引起的；$\lambda E\varepsilon$ 是由电阻丝的电阻率随应变的改变引起的；其余参数解释见式（4-4）。

式（4-6）表明，材料受力的应变与电阻变化率呈线性关系。金属电阻应变式传感器工作原理计算推导如图 4-17 所示。

对金属丝而言，$\lambda E\varepsilon$ 是很小的，可忽略不计；而对半导体应变片而言，$(1 + 2\mu)\varepsilon$ 是很小的，可忽略不计。这正是两类电阻应变式传感器工作原理的重要区别。

对于金属电阻应变片，有

$$\frac{\Delta R}{R} = (1 + 2\mu)\varepsilon \tag{4-7}$$

其灵敏度为

$$S = (1 + 2\mu) \tag{4-8}$$

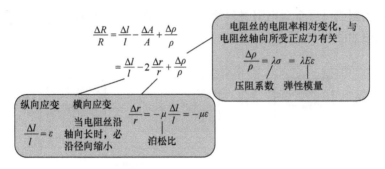

图 4-17　金属电阻应变式传感器工作原理计算推导

可见其工作原理基于金属导体的应变效应，即金属导体在外力的作用下发生机械形变时，其电阻值随着所受机械变形（伸长或缩短）的变化而发生变化的现象。

常用的电阻材料有康铜、镍铬合金、镍铬铝合金等。常用的结构形式为"丝式""箔式"。这些合金的主要性质如下：

（一）康铜

康铜是以铜和镍为主要成份（含40%镍、1.5%锰的铜合金）的合金，具有较小的电阻温度系数、较宽的使用温度范围（480℃以下）、良好的机械加工性能、耐腐蚀及易钎焊等特点。可制作仪器仪表、电子以及工业设备中的电阻元件，适宜在交流电路中使用，也可用于热电偶和热电偶补偿导线材料。

其电阻率为 $0.45 \sim 0.51 \mu\Omega \cdot mm$；20℃温度时，电阻温度系数为 $-40 \sim 40a \times 10^{-6} \, ^\circ\text{C}^{-1}$；$0 \sim 100℃$温度时，平均对铜热电势为 $-45CuV/℃$；使用温度不高于500℃；延伸率不小于6% ~15%；抗拉强度不低于390MPa。

（二）镍铬合金

铬合金具有高强度和抗腐蚀性，与铁和镍组成的合金为镍铬合金，俗称不锈钢。镍铬合金适用于制作实验室用电阻。镍铬丝的特点是：镍铬丝具有较大的电阻率；表面抗氧化性能好；温度级别高，并且在高温下有较高的强度，长期使用后再冷却下来，材料不会变脆，有良好的加工性能及可焊性，广泛应用于冶金、家用电器、机械制造（制作发热元件）和电器行业（制作电阻材料），使用寿命长。

（三）镍铬铝合金

该合金为镍、铬、铝和铁的合金，根据需要还含有锰。主要在高温（高于955℃）环境中使用。在高温下它表现出很好的抗氧化能力。所以，在用于电阻丝时（一般相对为低温区域）具有很稳定的电阻率。

（四）敏感元件

敏感元件一般是采用光刻、腐蚀等工艺制成的很薄的金属箔栅，如图4-18

所示。一般市售的电阻应变片的标准阻值有
60Ω、120Ω、350Ω、600Ω 和 1000Ω 系列。
在静态测试时，允许最大电流为 25mA；在
动态测试时，允许最大电流为 $75\sim100mA$；
箔栅式应变片则可更大一些。

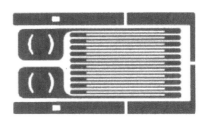

图4-18　箔栅式应变片图

其主要优点是：因为金属箔很薄，感受
的应力状态与被测件表面应力状态更接近；
金属箔栅的箔材表面积大、散热条件好，可
以允许通过较大的电流，从而可以输出较大的信号，提高了测量灵敏度；由光
刻、腐蚀方法制作的箔栅，尺寸准确、均匀，而且可以制成任意形状的箔栅，扩
大了应变片的使用范围。

其缺点是：箔栅制作工艺比较复杂；其引出线的焊点一般设计为锡焊，熔点
低，不适用高温环境下的测量。

六、金属电阻应变片的主要特性参数

（一）灵敏度系数

金属应变片（丝）的电阻相对变化与它所感受的应变力之间具有线性关系，
用灵敏度 S 表示（注意：当金属丝制成应变片后，其应变特性的电阻与金属单
丝情况不同！必须用实验方法对应变片的电阻特性重新测定）。

$$\frac{\Delta R}{R} = S\varepsilon , S = \frac{\Delta R/R}{\varepsilon} \tag{4-9}$$

实验表明：

1）金属应变片的电阻相对变化与应变 ε 在很宽的范围内均为线性关系。
式（4-9）中，S 为金属应变片的灵敏度。

2）应变片的灵敏度 S 恒小于线材的灵敏度系数 K_S。其原因是胶层传递变形
有失真存在，同时横向效应也是一个不可忽视的因素。

（二）横向效应

如图4-19所示，金属应变片的核心部分是敏感栅。将电阻丝绕成敏感栅后，
由于敏感栅的两端为半圆弧形的横栅，测量应变时，虽然长度不变，但其直线段
和圆弧段的应变状态不同，构件的轴向应变 ε_y 使敏感栅电阻发生变化，其横向
应变 ε_x 也将使敏感栅圆弧形部分的电阻发生变化，应变片既受轴向应变的影响，
又受横向应变的影响，其灵敏系数 K_S 比整长电阻丝的灵敏系数 K_0 小，从而引起
电阻变化，该现象称为横向效应。

1. 丝绕式的敏感栅

一般是用直径 $0.015\sim0.05mm$ 的金属丝连续绕制而成，端部呈圆弧形。如果

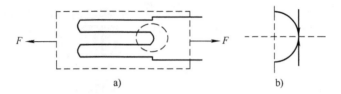

图 4-19　应变片的横向效应产生原理图

a）直线段　b）圆弧段

安装应变计的构件表面存在两个方向的应变，此圆弧端除了感受纵向应变外，还能感受横向应变，后者即称为横向效应。若对测量精度的要求较高，应考虑横向效应的影响并进行修正。横向效应应力图如图 4-20 所示。

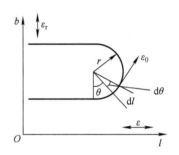

图 4-20　应变片的横向效应应力图

2. 短接线式的敏感栅

一般采用较粗的横丝，将平行排列的一组直径为 0.015 ~ 0.05mm 的金属纵丝交错连接而成，端部是平直的。它的横向效应很小，但耐疲劳性能不如丝绕式的敏感栅。

若敏感栅有 n 根纵栅，每根长为 l、半径为 r，在轴向应变 ε_y 的作用下，全部纵栅变形视为

$$\Delta L_1 = nl\varepsilon \tag{4-10}$$

1）在圆弧部分同时受到 ε 和 ε_r 的作用，在任意一小段长度 $dl = rd_0$ 上的应变由材料力学公式得

$$\varepsilon_0 = \frac{1}{2}(\varepsilon + \varepsilon_r) + \frac{1}{2}(\varepsilon + \varepsilon_r)\cos 2\theta \tag{4-11}$$

$$\Delta l = \int_0^{\pi r} \varepsilon_0 dl = \int_0^{\pi r} \varepsilon_0 r d\theta = \frac{\pi r}{2}(\varepsilon + \varepsilon_r) \tag{4-12}$$

2）在纵栅为 n 根的应变片，共 $n-1$ 个圆弧形横栅，全部变形量为

$$\Delta L_2 = \frac{(n-1)\pi r}{2}(\varepsilon + \varepsilon_r) \tag{4-13}$$

3）应变片敏感栅的总变形为

$$\Delta L = \Delta L_1 + \Delta L_2 = \frac{2nl + (n-1)\pi r}{2}\varepsilon + \frac{(n-1)\pi r}{2}\varepsilon_r \tag{4-14}$$

式中，K_S 是敏感栅的灵敏系数；K_x 是应变片对横向应变的灵敏系数，它表示 $\varepsilon_r = 0$ 时，其电阻相对变化与横向应变 ε_x 之比；K_y 是应变片对纵向应变的灵敏度系数，它表示 $\varepsilon = 0$ 时，其电阻相对变化与纵向应变 ε_y 之比；ε_x、ε_y 分别是横向应变和纵向应变。

则电阻的相对变化、其横向变化系数（$K_x\varepsilon$）及纵向变化系数（$K_y\varepsilon$）如下：
电阻的相对变化为

$$\frac{\Delta R}{R} = K_S \frac{\Delta L}{L} = \frac{2nl + (n-1)\pi r}{2L} K_S\varepsilon + \frac{(n-1)\pi r}{2L} K_S\varepsilon_r \qquad (4-15)$$

横向变化系数为

$$K_x\varepsilon = \frac{2nl + (n-1)\pi r}{2L} K_S\varepsilon \qquad (4-16)$$

纵向变化系数为

$$K_y\varepsilon_r = \frac{(n-1)\pi r}{2L} K_S\varepsilon_r \qquad (4-17)$$

可得

$$\frac{\Delta R}{R} = K_x\varepsilon + K_y\varepsilon_r \qquad (4-18)$$

4）横向灵敏系数（K_x）与纵向灵敏系数（K_y）之比称为横向效应系数（H）。

$$H = \frac{K_y}{K_x} = \frac{(n-1)\pi r}{2nl + (n-1)\pi r} \qquad (4-19)$$

由横向效应系数计算式可知：当 r 越小，l 越大，则 H 越小。即敏感栅越窄，基长越长的应变片，其横向效应引起的误差越小。

（三）机械滞后性

应变片粘贴在被测试件上，当温度恒定时，其加载特性与卸载特性是不重合的，这种现象称为机械滞后性。其示意图如图4-21所示。

机械滞后性产生的原因是：应变片在承受机械应变后，其内部会产生残余变形，使敏感栅电阻发生少量的不可逆变化；在制造和粘贴应变片时，如果敏感栅受到不适当的变形或粘接剂固化不充分，则会产生应力不均匀。

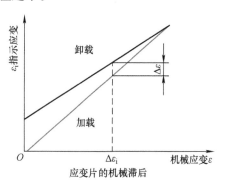

图 4-21　机械滞后性示意图

机械滞后性还与应变片所承受的应变量有关，加载时的机械应变量越大，卸载时的滞后也越大。所以，通常在实验之前，应将试件预先进行加载、卸载若干次，以减少因机械滞后所产生的实验误差。

七、电阻应变式传感器的测量电路

电阻应变式传感器的测量电路，按照工作电源分为直流电源测量电路和交流电源测量电路。

（一）电阻应变式传感器测量电路种类

1. 直流电桥电路

直流电桥电路是由连接成环形的 4 个桥臂组成的，每个桥臂上是 1 个电阻，分别为 R_1、R_2、R_3 和 R_4，它们可全部或部分是应变片。电路图如图 4-22 所示。

2. 交流电桥电路

由于应变电桥输出电压很小，一般都要加放大器，而直流放大器易于产生零漂，因此应变电桥多采用交流电桥。电路图如图 4-23 所示。

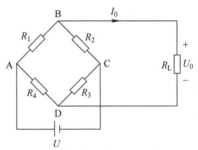

图 4-22　直流电桥电路图

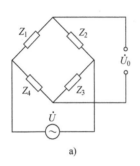

a)

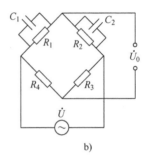

b)

图 4-23　交流电桥电路图

a）应变式电桥电路　b）电容式电桥电路

3. 电桥的平衡调节

在应变片工作之前，必须对电桥进行平衡调节。对于直流电桥，可采用串联或并联电位器法。常用的电桥平衡调节电路图如图 4-24 所示。

（二）电阻应变式传感器的粘贴

应变片是用粘结剂粘贴到被测件上的，粘结剂形成的胶层必须准确迅速地将被测件应变传递到敏感栅上。选择粘结剂时，必须考虑应变片材料和被测件材料性能，不仅要求粘结力强，粘结后机械性能可靠，而且粘合层要有足够大的剪切弹性模量、良好的电绝缘性、蠕变和滞后小、耐湿、耐油、耐老化、动态应力测量时耐疲劳等。

应变片的粘贴步骤一般可分为

1）应变片的检查与选择；

2）试件的表面处理；

3）底层处理；

4）贴片；

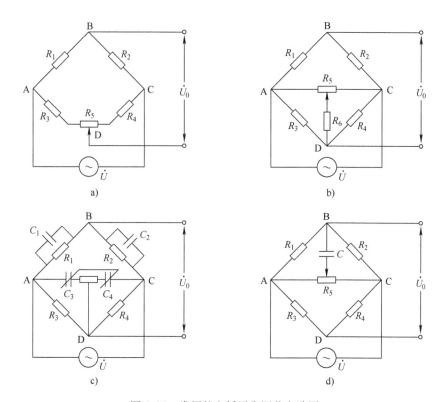

图 4-24 常用的电桥平衡调节电路图

a）串联电阻调平衡法电桥电路图　b）并联电阻调平衡法电桥电路图

c）差动电容调平衡法电桥电路图　d）阻容调平衡法电桥电路图

5）固化；

6）粘贴质量检查；

7）引线焊接与组桥连线。

（三）应变片的选用

1. 类型选择

决定于使用目的、要求、对象、环境等因素。

2. 材料选择

决定于使用温度、时间、最大应变量及精度等因素。

3. 阻值选择

根据测量电路和仪器选定标称电阻值。

4. 尺寸考虑

根据试件表面形状、应力分布坐标、可粘贴面积大小，决定选取应变片尺寸大小。

5. 其他考虑

是否用于特殊用途、恶劣环境、高精度要求等因素。

八、电阻应变式传感器的应用

电阻应变片的应用有两个方面：一是作为敏感元件，可直接用于被测件的应变测量；另一方面作为转换元件，通过弹性元件构成传感器，可用于对任何能转换成弹性元件应变的其他物理量的间接测量。

（一）应变片式传感器应用的特点选择

1. 范围

应用的应变片式传感器的测量范围必须等于待测的实际范围。

2. 分辨率和灵敏度

应用的应变片式传感器的分辨率和灵敏度应高于测量要求指标。

3. 结构

应根据试件的结构，选择应变片轻小、对试件影响小、环境适应性强、频率响应好的应变片式传感器。

4. 标准化

为适应大数据、云计算、人工智能的应用，所应用的应变片式传感器应是已经商品化、并具有技术标准规范的产品。还可选用便于实现远距离、自动化测量和具有自动记录、智能存储、智能控制接口的产品。

（二）应变片式传感器应用的型式选择

1. 测力传感器

应变片式测力传感器结构和测量电路图如图 4-25 所示。

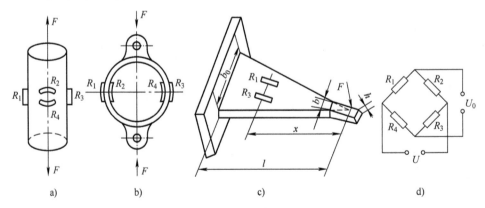

图 4-25 应变片式测力传感器结构和测量电路图

a）柱式　b）环式　c）梁式　d）测量电路

2. 压力传感器

筒式应变压力传感器结构示意图如图 4-26 所示。

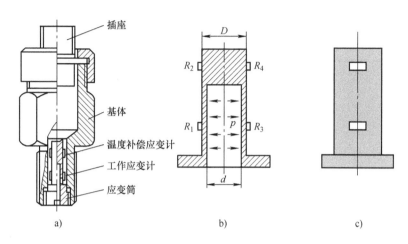

图 4-26　筒式应变压力传感器结构示意图

a）结构示意图　b）筒式弹性元件示意图　c）应变计布片示意图

3. 应变式位移传感器

应变式位移传感器是把被测位移量转变成弹性元件的变形和应变，然后通过应变计和应变电桥，输出正比于被测位移的电量。组合式应变式位移传感器结构示意图如图 4-27 所示。

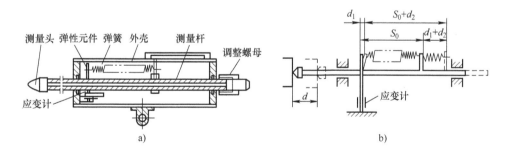

图 4-27　组合式应变式位移传感器结构示意图

a）传感器结构示意图　b）工作原理图

4. 应变式加速度传感器

通过质量块与弹性元件的作用，还可将被测加速度转换成弹性应变，从而构成应变式加速度传感器。电阻应变式加速度传感器结构图如图 4-28 所示。

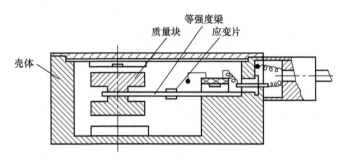

图 4-28 电阻应变式加速度传感器结构图

第三节 半导体压阻式应变片

一、半导体应变片的工作原理

半导体应变片是基于半导体材料的压阻效应。其结构示意图如图 4-29 所示。

半导体材料的压阻效应是指某些半导体材料在沿某一轴向受到外力作用时，其电阻率发生变化的现象。

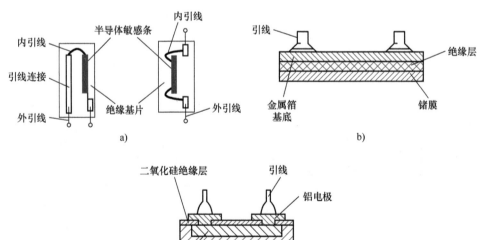

图 4-29 半导体应变片结构示意图

a）体型 b）薄膜型 c）扩散型

二、半导体应变片的主要类型

（一）体型

利用半导体材料的体电阻制成粘贴式的应变片。

（二）薄膜型

利用真空沉积技术将半导体材料沉积在带有绝缘层的基板上而成的应变片。

（三）扩散型

在半导体材料的基片上，采用集成电路工艺制成的扩散电阻，作为测量用的压阻元件。

三、半导体应变片的特性

（一）灵敏度

$$S = \lambda E \tag{4-20}$$

式中，λ 为压阻系数。

（二）电阻的相对变化

$$\frac{\Delta R}{R} = \lambda E \varepsilon \tag{4-21}$$

（三）优点

灵敏度高、机械滞后性小、频率响应高、横向效应小、元件尺寸小。

（四）缺点

温度稳定性差、灵敏度的非线性误差大。

（五）使用

目前，国产半导体应变片主要采用 P 型硅单晶（P－Si）制成。

四、电阻应变式传感器温度误差及其补偿

（一）温度误差的产生

因环境温度变化引起的电阻变化的主要因素在于：

1）应变片的电阻丝（敏感栅）具有一定的温度系数 α_1，对电阻值的影响由式（4-22）得

$$\left(\frac{\Delta R}{R}\right)_1 = \alpha_1 \Delta t \tag{4-22}$$

2）电阻丝材料的线膨胀系数 β_R 与测试材料的线膨胀系数 β_M 不同，所引起的应变为

$$\varepsilon_2 = (\beta_R - \beta_M) \Delta t, \left(\frac{\Delta R}{R}\right)_2 = K(\beta_R - \beta_M) \Delta t \tag{4-23}$$

式中，K 为电阻丝材料的应变灵敏系数。

因此，由温度变化引起的总的电阻相对变化为

$$\left(\frac{\Delta R}{R}\right)_i = \left(\frac{\Delta R}{R}\right)_1 + \left(\frac{\Delta R}{R}\right)_2 = \alpha_1 \Delta t + K(\beta_R - \beta_M)\Delta t \tag{4-24}$$

则虚假应变为

$$\varepsilon_i = \frac{\left(\frac{\Delta R}{R}\right)_i}{K} = \frac{\alpha_1}{K}\Delta t + (\beta_R - \beta_M)\Delta t \tag{4-25}$$

这就是如果试件不受外力作用、只是温度变化时，应变片的温度效应。

（二）温度补偿

温度补偿的方法包括自补偿法和线路补偿法。

1. 单丝自补偿应变片

由温度变化引起的总的电阻相对变化为

$$\left(\frac{\Delta R}{R}\right)_i = \left(\frac{\Delta R}{R}\right)_1 + \left(\frac{\Delta R}{R}\right)_2 = \alpha_1 \Delta t + K(\beta_R - \beta_M)\Delta t \tag{4-26}$$

可见，要消除温度变化引起的误差，必须使

$$\alpha_1 + K(\beta_R - \beta_M) = 0 \tag{4-27}$$

即

$$\alpha_1 = K(\beta_M - \beta_R) \tag{4-28}$$

在选择敏感栅材料时，使其与被测试件之间满足式（4-27），即可实现温度自补偿。该方法结构简单、制造和使用都比较方便，但是，它必须在一定的线膨胀系数材料的试件上使用，否则不能达到温度自补偿的目的。

2. 双丝组合式自补偿应变片

由两种不同电阻温度系数（一正一负）的材料串联组成的敏感器，要求两种敏感栅随温度变化产生的电阻增量大小相等、符号相反，以达到在一定温度范围内、在一定材料的试件上实现温度补偿。其示意图如图4-30所示。

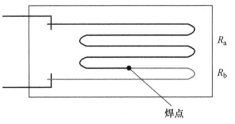

图4-30 双丝组合式自补偿应变片示意图

即，$(\Delta R_a) = -(\Delta R_b)$，所以，两段敏感栅的电阻大小可按式（4-29）选择。

$$\frac{R_a}{R_b} = -\frac{(\Delta R_b/R_b)_t}{(\Delta R_a/R_a)_t} = \frac{\alpha_b + K_b(\beta_e - \beta_b)}{\alpha_a + K_a(\beta_e - \beta_a)} \tag{4-29}$$

该方法在制造时，可以调节两段敏感栅的丝长，以实现对某种材料的试件在一定温度范围内获得较好的温度补偿。

（1）电路补偿法 采用电桥电路进行电路补偿也是敏感栅常用的方法之一。从图4-31中可知，电桥输出电压与桥臂参数之间的关系为

$$U_{SC} = A(R_1 R_4 - R_2 R_3) \tag{4-30}$$

式中，A 是由桥臂电阻和电源电压决定的常数。

当 R_3、R_4 为常量时，R_1、R_2 的同方向变化对输出电压的作用方向相反。电桥电路补偿法就是利用这一基本特性实现温度补偿。

在应变测试时，使用两个应变片，将一片贴于被测件的表面，称为工作片，即为示意图 4-31 中的 R_1；另一片贴于与被测件材料相同的补偿片上，称为补偿片，即为示意图 4-31 中的 R_2。在工作过程中，补偿片不承受应变，仅温度发生变化。当被测件不承受应变时，R_1 和 R_2 处于同一温度场，调整电桥参数，使电桥的输出 U_{SC} 为零。

即，$U_{SC} = A(R_1R_4 - R_2R_3) = 0$

选取 $R_1 = R_2 = R$，$R_3 = R_4 = R'$，即，使电桥平衡，使温度得到补偿。在工作片受到应变时，所得到的输出仅为应力单独对输出电压的改变值。

当温度升高或降低时，若 $\Delta R_{1t} = \Delta R_{2t}$，两个应变片的热输出相等，可得

$$U_{SC} = A\left[(R_1 + \Delta R_{1t})R_4 - (R_2 + \Delta R_{2t})R_3 \right] = 0$$
$$R_1 = R_2 = R, R_3 = R_4 = R' \tag{4-31}$$

如果现在有应变作用，只会引起电阻 R_1 发生变化，而 R_2 不承受应变。故可得输出电压为

$$U_{SC} = A\left[(R_1 + \Delta R_{1t} + R_1K\varepsilon)R_4 - (R_2 + \Delta R_{2t})R_3 \right] = AR_1R_4K\varepsilon \tag{4-32}$$

由式（4-32）可知，此时电桥输出电压只与应变 ε 有关，而与温度无关。

（2）为达到完全补偿，需要满足以下 3 个条件

1）R_1 和 R_2 必须属于同一批号的产品，即它们的电阻温度系数 α、线膨胀系数 β、应变灵敏系数 K 均相同。两个应变片的初始电阻值也要求相同。

2）用于粘贴补偿片的构件和粘贴工作片的试件，两者材料必须相同，即要求两者的线膨胀系数相等。

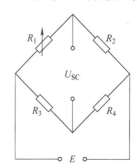

图 4-31　电桥电路补偿法示意图

3）在整个工作期间，两个应变片必须处于同一温度环境中。

根据被测件承受应变的情况，可以不另加专门的补偿片，而是将补偿片粘贴在被测件上，这样既能起到温度补偿作用，又能提高输出的灵敏度，如图 4-32 所示。

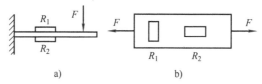

图 4-32　补偿片安装在被测试件的应力状态图
a）构件受弯曲应力　b）构件受单向应力

89

第四节　电阻式应变栅传感器

一、测量类型

（一）直接测定结构的应变或应力

例如，为了研究某些构件在工作状态下的受力、变形状况，可利用不同形状的应变片粘贴在构件的选定部位，测试构件的拉力应力、压力应力或弯曲应力、弯矩等参数。为结构设计、应力校核或构件破坏的预测等提供可靠的实验数据。

（二）用以测量物理参数

将应变片粘贴于弹性元件上，作为测量力、位移、压力、加速度等物理参数的传感器。在这种情况下，弹性元件得到与被测量成正比的应变，再由应变片转换为电阻的变化。

（三）测量应用注意事项

在以上应用中，电阻应变片必须被粘贴在试件或弹性单元上才能工作。粘合剂和粘合技术对测量结果有直接影响。

二、应用场合和应用分类

（一）应用场合

冲床生产计数和生产过程监测；电子秤的广泛应用；机械手握力测量。

（二）应用分类

柱力式传感器、梁力式传感器、应变式压力传感器、应变式加速度传感器、压阻式压力传感器等。

应变式传感器包括两部分：一是弹性敏感元件，利用弹性敏感元件将被测物理量转换为弹性体的应变值；二是应变片作为转换元件，将应变转换为电阻值的变化。

第五节　常用传感器应用实操

一、应变式位移传感器

应变式位移传感器在称重设备中是应用较多的关键部件，为差动电杆结构，由稳幅激励信号源、检测电路和滤波放大电路组成。其工作原理图和某种产品的结构外观图如图 4-33 所示，组合应变式位移传感器的工作原理图和结构示意图如图 4-34 所示。

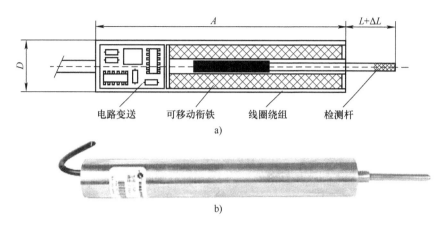

图 4-33　应变式位移传感器工作原理和产品外观图

a）工作原理图　b）产品外观图

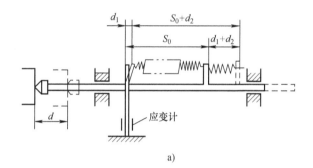

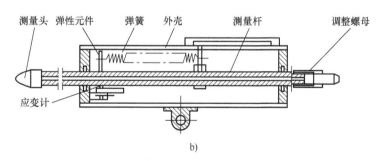

图 4-34　组合应变式位移传感器的工作原理图和结构示意图

a）工作原理图　b）传感器结构示意图

二、柱力式传感器

柱力式传感器中的弹性元件分为实心和空心两种，如图 4-35 所示。实心圆柱可承受较大负荷；空心圆筒横向刚度大，稳定性好。

在轴向布置一个或几个应变片，在圆周方向布置同样数目的应变片，后者取符号相反的横向应变，从而构成了"差动对"。在与轴线任意夹角的 α 方向，其应变为

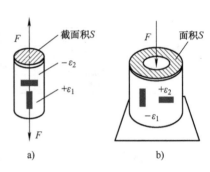

$$\varepsilon_\alpha = \frac{\varepsilon}{2}\left[(1-\mu)+(1+\mu)\cos2\alpha\right]$$

$$(4-33)$$

因此，轴向应变片感受到的应变为（$\alpha = 0$ 时）

$$\varepsilon_\alpha = \varepsilon_1 = \frac{F}{SE} \qquad (4-34)$$

图 4-35　柱力式传感器示意图
a) 实心　b) 空心

式中，F 是应力；E 是弹性模量。

圆周方向应变片感受到的应变为（$\alpha = 90°$ 时）

$$\varepsilon_\alpha = \varepsilon_2 = -\mu\varepsilon_1 = -\mu\frac{F}{SE} \qquad (4-35)$$

三、梁式传感器

等强度梁弹性元件是一种特殊形式的悬臂梁。这种弹性元件的特点是：其截面积按一定的规律变化，当集中力作用在自由端时，距作用力任何距离的截面上应力相等，如图 4-36 所示。因此，沿着这种梁的长度方向上的截面抗弯模量（W）的变化和弯矩（M）的变化成正比。等强度梁各点的应变值为

$$\sigma = \frac{M}{W} = \frac{6FL}{bh^2} = 常数, \varepsilon = \frac{6FL}{bh^2E}$$

$$(4-36)$$

如图 4-36 所示，梁的固定宽度为 b_0，自由端宽度为 b，梁长为 L，梁厚为 h。

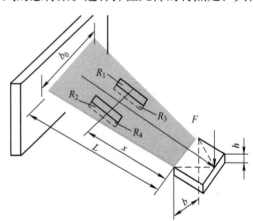

图 4-36　梁式传感器示意图

四、应变式压力传感器

测量液体或气体压力的薄板式传感器，如图 4-37 所示。当气体或液体压力作用在圆形薄板承压面上时，圆形薄板变形，粘贴在另一面的电阻应变片随之变

形，并改变阻值。则测量电路中电桥的平衡状态被打破，产生输出电压。

圆形薄板固定形式：采用嵌入固定形式，如图 4-37a 所示；或与传感器外壳做成一体，如图 4-37b 所示。

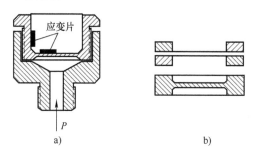

图 4-37 应变薄板式压力传感器示意图

a）采用嵌入固定形式 b）与传感器外壳做成一体

根据力学公式，当均匀压力作用在薄板上时：

$$\sigma_r = \frac{3P}{8h^2}\big[(1+\mu)r^2 - (3+\mu)x^2\big], \quad \sigma_t = \frac{3P}{8h^2}\big[(1+\mu)r^2 - (1+3\mu)x^2\big]$$

$$(4\text{-}37)$$

式中，σ_r 是径向应力；σ_t 是切向应力；h 是薄板厚度；P 是施加的应力；r 是圆形薄板的半径；x 是应变片粘贴处与圆形薄板中心的距离。

圆形薄板内任意一点的应变值为

$$\varepsilon_r = \frac{3P}{8h^2E}(1-\mu^2)(r^2-3x^2), \quad \varepsilon_t = \frac{3P}{8h^2E}(1-\mu^2)(r^2-x^2) \qquad (4\text{-}38)$$

式中，ε_r 是径向应变；ε_t 是切向应变。

对于应力，当 $x=r$ 时，即在圆形薄板边缘处的径向应力最大，设计圆形薄板时，应注意此处的应力不应超过允许应力：

$$\sigma_r = -\frac{3P}{4h^2}r^2, \quad \sigma_t = -\frac{3P}{4h^2}r^2\mu \qquad (4\text{-}39)$$

对于应变，当 $x=0$ 时，应变片粘贴在圆形薄板中心位置处：

$$\varepsilon_r = \varepsilon_t = \frac{3P}{8h^2}\frac{1-\mu^2}{E} \qquad (4\text{-}40)$$

此时切向应变最大。

当 $x=r$ 时，应变片粘贴在圆形薄板边缘位置处：

$$\varepsilon_t = 0, \varepsilon_r = -\frac{3P}{4h^2}\frac{1-\mu^2}{E}r^2 \qquad (4\text{-}41)$$

此时径向应变最大。

当 $x = \dfrac{r}{\sqrt{3}}$ 时，径向应变 ε_r 等于 0。

综上所述，应变片应避开应变为零处，并且尽量粘贴在应变量最大的位置。一般在圆形薄板的中心处沿切向粘贴两个应变片，在边缘处沿径向粘贴两个应变片。

五、应变式加速度传感器

由端部固定并带有惯性质量块 m 的悬臂梁及在梁根部的应变片、基座及外壳等组成。是一种惯性式传感器。

测量时，根据所测振动体加速度的方向，将传感器固定在被测部位，如图 4-38 所示。当被测点的加速度沿图中箭头所示方向时，悬臂梁自由端受到惯性力 $F = ma$ 的作用，质量块向加速度 a 相反的方向相对于基座运动，使梁发生弯曲变形，产生输出信号，在一定的频率范围内输出信号的大小与角速度成正比。

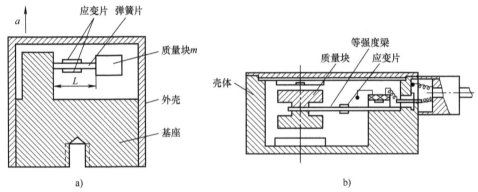

图 4-38　应变式加速度传感器原理及应用示意图

a) 加速度传感器原理图　b) 实际应用示意图

六、压阻式压力传感器

压阻式压力传感器广泛应用于流体压力、压差、液位等参数的测量。特别是其体积小（最小的压阻式压力传感器仅为 $0.8\mathrm{mm}$ 左右），在生物学中可用于测量血管内压、头颅内压等参数。

其结构组成的核心部分是 1 个圆形硅膜片。在膜片上利用集成电路工艺方法扩散 4 个阻值相等的 P 型电阻，并将其构成平衡电桥。膜片的四周用圆硅环固定，其下部为与被测系统相连的高压腔，其上部一般可与大气相通。在被测压力 P 的作用下，膜片产生应力和应变。其结构示意图如图 4-39 所示。

压阻式压力传感器的特点为：尺寸小，可由弹性元件与变换元件一体化组成；其固有频率很高，可以测试频率很宽的脉动压力。

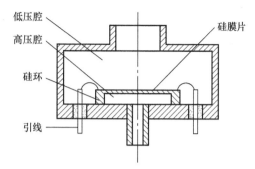

图 4-39 压阻式压力传感器结构示意图

第六节 常用传感器中的应变片

一、常用应变片的形式

常用应变片的形式图如图 4-40 所示。

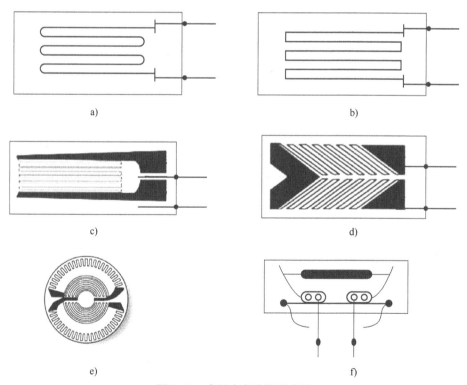

图 4-40 常用应变片的形式图

a）丝绕式应变片 b）短接式应变片 c）一般箔式应变片 d）测量切应变、
扭矩的应变片 e）测量圆膜片应力的应变片 f）半导体应变片

二、金属应变片与半导体应变片的对比

金属丝应变片与半导体应变片的对比表见表4-2。

表4-2 金属丝应变片与半导体应变片的对比表

项目	金属丝应变片	半导体应变片
基本原理	利用金属导体在外力的作用下发生机械形变引起的电阻变化	利用某些半导体材料在沿某一轴向受到外力作用时，其电阻率发生变化而引起的电阻变化。也称为压阻传感器
灵敏度	一般制作应变片的金属丝的灵敏度 S 为 $1.7 \sim 4.0$。在某些工程上，直接将灵敏度定值为2	具有很高的灵敏度，一般为金属丝应变片灵敏度的 $50 \sim 70$ 倍。其最大的特点是温度灵敏度高
线性度	在很宽的范围内均为线性关系	非线性度严重
机械滞后性	存在机械滞后值，与应变片所承受的应变量有关	机械滞后性小
使用方便性	安装、使用方便	安装、使用较困难

第五章

传感器的典型应用

第一节　光敏传感器的应用

一、光敏传感器概述

（一）定义

光敏传感器是对外界光信号或光辐射有响应或转换功能的敏感装置。

（二）光敏传感器的结构与分类

光敏传感器是最常见的传感器之一，它的种类繁多，主要类型有：光电管、光电倍增管、光敏电阻、光电晶体管、太阳能电池、红外线传感器、紫外线传感器、光纤式光电传感器、色彩传感器、感光耦合组件又称电荷耦合器件（CCD）和互补金属氧化物半导体（CMOS）图像传感器等。最简单的光敏传感器是光敏电阻，当光子冲击接合处就会产生电流。

光敏传感器是产量最多、应用最广的传感器之一，它在自动控制和非电量电测技术中占有非常重要的地位。

1. 光电管

光电管（photoconductor）是最早出现的光敏器件，其结构和工作电路如图 5-1 所示。

2. 光敏电阻

光敏电阻传感器是利用半导体材料的光电效应制成的传感器，通过把光强度的变化转换成

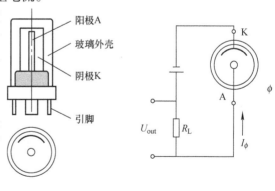

a)　　　　　　　　　　b)

图 5-1　光电管结构及电路图

a）光电管结构示意图　b）光电管工作电路图

电信号的变化来实现控制。它的基本结构包括光源、光学通路和光电元件，它首

先将被测量的变化参数转换成光信号的变化，然后借助光电元件进一步将光信号转换成电信号。在光照条件下改变光敏面的电阻，光照越强，器件自身的电阻越小，即，在光强的作用下改变电阻，叫作光敏电阻。

以 CdS（硫化镉）为例，其光敏面与电极组成的结构示意图如图 5-2 所示。

由于光敏传感器是一种依靠被测物与光电元件和光源之间的关系，来达到测量目的的，因此光敏传感器的光源扮演着很重要的角色，光敏传感器的光源需要是一个恒光源，光源稳定性的设计至关重要，光源的稳定性直接影响到测量的准确性。

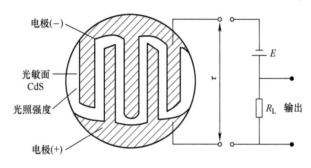

图 5-2　光敏传感器结构示意图

（1）光敏电阻的分类

1）按照制成材料分类。

① 本征型光敏电阻——一般在室温下工作，适用于对可见光和近红外光辐射的探测。

② 非本征型光敏电阻——也称为掺杂型光敏电阻，通常在低温条件下工作，适用于中、远红外光辐射的探测，较多情况下选用，其稳定性优于本征型光敏电阻。

2）按照光敏电阻的光谱特性分类。

① 紫外光敏电阻器：对紫外光较为敏感的光敏电阻。包括硫化镉（CdS）、硒化镉（CdSe）等光敏电阻器。用于探测紫外线的辐射。

② 红外光敏电阻器：对红外光较为敏感的光敏电阻。包括硫化铅（PbS）、碲化铅（PbTe）、碲化铟（In_2Te_5）等光敏电阻器。广泛应用于地域勘探、非触摸测量；人体病变检测；红外光谱辐射探测、红外通信等科学研究和工农业生产中。

③ 可见光敏电阻器：主要应用于各种可见光－电操作体系。如光电门禁系统，航标灯、路灯和无论值守的照明系统的自动控制，供水装置系统的智能控制，极薄零部件的厚度自动检测，不易接近大型设备自动跟踪检测系统，光电计数器，照相机自动曝光控制，烟雾报警器，防护自动监测系统等。

（2）光敏电阻的特性

1）光电流、亮电阻：光敏电阻器在必定的外加电压下，当有光照射时，流过的电流称为光电流，外加电压与光电流之比称为亮电阻。常用"100lx"表示。

2）暗电流、暗电阻：光敏电阻器在必定的外加电压下，当没有光照射时，流过的电流称为暗电流，外加电压与暗电流之比称为暗电阻。常用"0lx"表示。

3）活络度：活络度是指光敏电阻不受光照射时的电阻值（暗电阻）与受到光照射时的电阻值（亮电阻）的相对变化值。

4）光谱照料：光谱照料又称为光谱活络度。是指光敏电阻在分歧样波长的单色光谱照射下的活络度所作的曲线，也称为光谱照料曲线。

5）光照特性：光照特性是指光敏电阻输出的电信号随光照度而改变的特性。从光敏电阻的光照特性曲线可见：随着光照强度的增加，光敏电阻的阻值开始活络下降。若进一步增大光照强度，则电阻值改变将减小，然后逐步趋向陡峭。在大部分情况下，该特性曲线为非线性曲线。

6）伏安特性曲线：伏安特性曲线是用来描绘光敏电阻的外加电压与光电流的关系曲线。对于光敏材料其光电流随外加电压的增加而增大。

7）温度系数：光敏电阻的光电效应受温度影响较大，有些光敏电阻在低温下的光电活络度较高，而在高温下的活络度则较低。

8）额定功率：额定功率是指光敏电阻用于某种电路中所容许消耗的功率。当温度增加时，其消耗功率即会下降。

3. 光电晶体管

（1）定义 光电晶体管（Photistor）是一种晶体管，也称光敏三极管，是一种半导体光电器件，其电流受外部光照控制。光电晶体管是一种相当于在晶体管的基极和集电极之间接入一只光电二极管的晶体管，光电二极管的电流相当于晶体管的基极电流。因为具有电流放大作用，光电晶体管比光电二极管灵敏得多，在集电极可以输出很大的光电流。

（2）基本结构 光电晶体管有三个电极，其中，基极未引出。当光照强弱变化时，电极之间的电阻会随之变化。光电晶体管可以根据光照的强度控制集电极电流的大小，从而使光电晶体管处于不同的工作状态，光电晶体管仅引出集电极和发射极，基极作为光接收窗口。其结构示意图如图5-3所示。

（3）封装形式 光电晶体管有塑封、金属封装（顶部为玻璃镜窗口）、陶瓷、树脂等多种封装结构，引脚分为两脚型和三脚形。一般两个管脚的光电晶体管，管脚分别为集电极和发射极，而光窗口则为基极。在无光照射时，光电晶体管处于截止状态，无电信号输出。当光信号照射光电晶体管的基极时，光电晶体管导通，首先通过光电二极管实现光电转换，再经由光电晶体管实现光电流的放大，从发射极或集电极输出放大后的电信号。其实物图见图5-4所示。

（4）基本工作原理　光电晶体管的基本结构和普通晶体管一样，有两个 PN 结。图 5-3 为 NPN 型光电晶体管，b–c 结为受光结，吸收入射光，基区面积较大，发射区面积较小。当光入射到基极表面，产生光生电子–空穴对，会在 b–c 结电场作用下，电子向集电极漂移，而空穴移向基极，致使基极电位升高，在 c、e 间外加电压作用下（c 为 +、e 为 –），大量电子由发射极注入，除少数在基极与空穴复合外，大量通过极薄的基极被集电极收集，成为输出光电流。

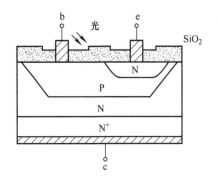

图 5-3　NPN 型光电晶体管结构示意图

图 5-4　光电晶体管实物图

（5）测试方法

1）电阻测量法（指针式万用表 1kΩ 档）。黑表笔接 c 极，红表笔接 e 极，无光照时指针微动（接近∞），随着光照的增强，电阻变小，光线较强时，其阻值可降到 1kΩ 以下。再将黑表笔接 e 极，红表笔接 c 极，有无光照指针均为∞（或微动），这样测试的光电晶体管就是好的。

2）测电流法。工作电压 5V，电流表串联在电路中，c 极接正，e 极接负。无光照时小于 0.3μA；光照增加时电流增加，可达 2～5mA。

3）若用数字式万用表 20kΩ 档测试，红表笔接 c 极，黑表笔接 e 极，完全黑暗时显示 1kΩ，光线增强时阻值随之降低，最小可达 1kΩ。

（6）基本特性

1）光电特性：光电晶体管的光电特性是指在正常偏压下的集电极的电流与入射光照度之间的关系，如图 5-5 所示。可见为非线性曲线。这是由于光电晶体管中的电流放大倍数不是常数，其放大倍数 β 随着光电流的增大而增大。由于光电晶体管有电流放大作用，它的灵敏度比光电二极管高，输出电流也比光电二极管大，多为毫安级（mA）。

2）伏安特性：光电晶体管与一般光电二极管不同，光电晶体管必须在有偏压，且要保证光电晶体管的发射极处于正向偏置的状态下、而集电极处于反向偏压才能工作。伏安特性曲线如图 5-6 所示。入射到光电晶体管的光照度不同，其伏安特性曲线稍有不同，但随着电压升高，输出电流均逐渐达到饱和。

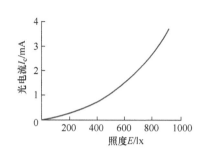

图 5-5　光电晶体管的光电特性曲线图

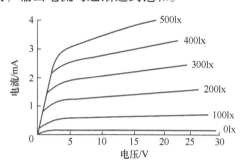

图 5-6　光电晶体管的伏安特性曲线图

3）温度特性： 光电晶体管受温度的影响比光电二极管大得多，很显然，这是由于光电晶体管有放大作用。另外也可看出，随着温度升高，暗电流增加很快，使输出信噪比变差，不利于弱光的检测。在进行光信号检测时，应考虑到温度对光电器件输出的影响，必要时还需要采取适当的恒温或温度补偿措施。其温度特性曲线图如图 5-7 所示。

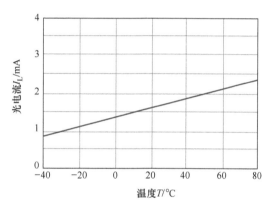

图 5-7　光电晶体管温度特性曲线图

4）频率特性： 影响光电晶体管频率响应的因素除与光电二极管相同外，还受基区渡越时间和发射结电容、输出电路的负载电阻的限制，因此频率特性比光电二极管差。

光电晶体管存在一个最佳灵敏度的峰值波长（峰值频率）。当入射光的波长增加（频率降低）时，相对的灵敏度要下降。这是因为光子能量减少，不足以激发电子空穴对。当入射光的波长缩短（频率升高）时，相对的灵敏度也下降，这是由于光子在半导体表面附近就被吸收，并且在表面激发的电子空穴对不能到达 PN 结，因而使相对灵敏度下降。其特性曲线图如图 5-8 所示。半导体材料不同的光电晶体管，其峰值波长（峰值频率）也不相同，硅的峰值波长为 900nm，锗的峰值波长为 1500nm，由于锗管的暗电流比硅管大，因此锗管的光电性能比较差。故在可见光或检测赤热状物体时，一般选用硅光电管，但是在对红外线进行探测时，选用锗光电管比较合适。

硅光电晶体管 3DU3 为典型的硅光电晶体管。其光谱响应曲线如图 5-9 所示。可见与图 5-8 中的硅光电晶体管光谱响应曲线图吻合，其波长响应范围为 0.4 ~ 1.0μm，峰值波长为 0.85μm。

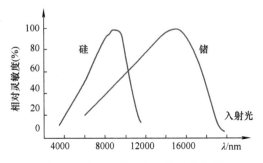

图 5-8　光电晶体管频率特性曲线图

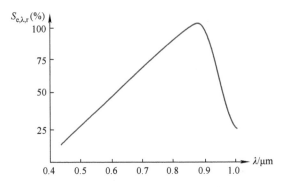

图 5-9　3DU3 光电晶体管光谱响应曲线图

5）使用选择：在使用时的选择方面，由外观上，可以区分为罐封闭型和树脂封入型，而各型又可分别分为附有透镜型式及单纯附有窗口的型式。就半导体晶体而言，材料有硅（Si）和锗（Ge），大部分为硅。在晶体管构造方面，可分为普通晶体管型和达林顿晶体管型；从用途方面加以选择时，可以分为以交换动作为目的的光电晶体管和需要直线性的光电晶体管，而光电晶体管的主流用途为交换组件，需要直线性时，通常使用光电二极管。

在实际选用光电晶体管时，应注意按参数要求选择管型，如要求灵敏度高，可选用达林顿型光电晶体管；如要求响应时间快，对温度敏感性小，就不选用光电晶体管而选用光电二极管。探测暗光一定要选择暗电流小的管子，同时可考虑有基极引出线的光电晶体管，通过偏置取得合适的工作点，提高光电流的放大系数，如，探测 10 ~ 3lx 的弱光，光电晶体管的暗电流必须小于 0.1nA。

二、光敏传感器工作原理

光敏传感器（即光敏电阻传感器的简称）是利用光敏元件将光信号转换为电信号的传感器，它的敏感波长在可见光波长附近，包括红外线波长和紫外线波长。光敏传感器不只局限于对光的探测，它还可以作为探测元件组成其他传感器，对许多非电量进行检测，只要将这些非电量转换为光信号的变化即可。

半导体光敏电阻可以通过较大的电流，所以在一般情况下不需要配备电流放大器。在要求较大的输出功率时，可采用图 5-10a 所示的电路。

光电晶体管在低照度入射光下工作时，或需要得到较大输出功率时，也可以配备放大电路，如图 5-10b 所示。

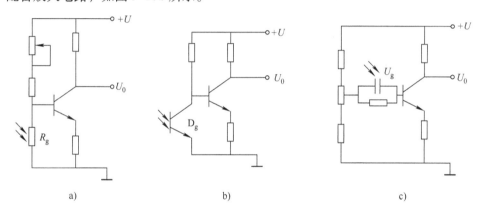

图 5-10　电流放大器
a）采用半导体光敏电阻的电流放大器　b）采用半导体光电二极管的电流放大器
c）采用光敏电池的电流放大器

由于光敏电池即使在强光照射下，最大输出电压也仅 0.6V，还不能使下一级晶体管有较大的电流输出，故必须加正向偏压，如图 5-10c 所示。为了减小晶体管基极电路阻抗变化，尽量降低光电池在无光照时承受的反向偏压，可在光电池两端并联一个电阻。或者利用锗二极管产生的正向压降和光电池受到光照时产生的电压叠加，使硅管 e、b 极之间的电压大于 0.7V，而导通工作。

半导体光电元件的光电转换电路也可以使用集成运算放大器。硅光电二极管通过集成运放可得到较大输出幅度，如图 5-11 所示。图 5-12 所示为硅光电池的光电转换电路，因为光电池的短路电流和光照成线性关系，因此，将光电池接在运算放大器的正/反相输入端之间，利用这两端的电位差接近于零的特点，可以得到较好的效果。

光敏传感器采用防静电袋封装。在使用过程中应该避免潮湿环境，还应该注意表面的损伤和污染程度，它们均会影响光电流。

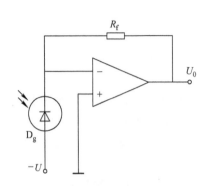 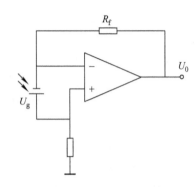

图 5-11　采用运算放大器和　　　　图 5-12　采用运算放大器和
光电二极管的电流放大器　　　　　硅光电池的电流放大器

三、光电传感器的应用

　　光电传感器可以直接检测光亮变化和引起光亮变化的非电量，也可以通过光亮变化来应用于高端制造、智能控制等领域，甚至是儿童玩具的控制。

　　随着科学技术的发展，人们对测量精度有了更高的要求，这就促使光电传感器不得不随着时代步伐而更新，改善光电传感器性能的主要手段就是应用新材料、新技术来制造性能更优越的光电元件。例如，光纤的出现，由于它的各种性能优越，于是出现了光纤与传感器配套使用的无源元件，另外，光纤不受任何电磁信号的干扰，并且能使传感器的电子元件与其他电的干扰相隔离。正因如此，光电传感器具有较好的发展前景；在智能控制、人工智能、高端制造技术等方面的应用也会越来越广泛。以下介绍几种光电传感器的应用场合：

　　（一）光电隔离器

　　光电隔离器是由发光二极管和光电晶体管安装在同一管壳内构成的器件。发光二极管所辐射的光能有效耦合到光电晶体管上。可组成多种形式的耦合体，如"发光二极管/光敏晶闸管""发光二极管/光敏电阻""发光二极管/光电晶体管"等，其中，"发光二极管/光电晶体管"应用最为广泛，常应用于信号隔离；"发光二极管/光敏晶闸管"常应用于大功率隔离驱动场合；"发光二极管/达林顿管"常应用于低功率负载的直接启动场合。

　　（二）学生文具盒的侧光电路

　　学生在光线环境过高、过低、照度不均匀的条件下学习，很容易损害视力。应用光电传感器做成"文具盒式侧光电路"，显示光线的强弱和均匀度，并用LED指示光线的强弱，也可直接控制书写台灯的发光亮度，以调整桌面的照度及照度均匀度，用以保护学生的视力。

　　（三）日常生活的条形码扫描笔

　　采用光电传感器做成条形码扫描笔，当扫描笔在条形码上移动时，若扫描到黑色条纹，光电晶体管接收不到反射光，呈现高阻抗截止状态；若扫描到白色间隔，光电晶体管接收到反射光，呈现低阻抗导通状态。经过整个条形码扫描后，光敏传感器将条形码转换成电脉冲信号，再经放大电路/整形电路，形成脉冲序列，输入计算机系统，便完成了对条形码的信息识别。

（四）纺织业的光电式纬线探测器

光电式纬线探测器是应用于纺织行业喷气织机上的常用设备，是用以判断纬线是否断线的探测器。

因纬线很细，又是在摆动中快速前进，形成光的漫反射，还伴有背景光中杂散反射光，靠人眼难以分辨，且工作量大。采用红外发光管的光源，采用占空比很小的强脉冲电流供电，提高了纬线工作状态检测的灵敏度。

当纬线在喷气的作用下前进时，红外线发射管发出红光，经纬线反射，被光电传感器接收。如果光电传感器接收不到发射信号，则说明纬线已断。故可利用光电传感器并经后续的信号放大、脉冲整形等电路的输出信号，用以判断纺织机械是否正常运转，还是故障报警停机修复。

光电传感器用途广泛，大到卫星姿态检测控制、精密仪器仪表的精准测试，小到儿童玩具的控制。在绿色节能、智能控制、人工智能等科技生产、生活领域将得到更加广泛的应用。

图 5-13 是光电传感器已经被开发的小系统例图。

小系统中的光电传感器

图 5-13　传感器通用件示例图

第二节　热敏传感器的应用

一、热敏传感器概述

（一）定义

热敏传感器是一种对"热"敏感的电阻传感器。

（二）表征方式

当传感器中的热敏材料周围有热辐射时，它就会吸收辐射热，产生温度升高，引起材料的阻值发生变化。并且其电阻值随电阻体的温度的变化而变化。

热敏传感器是敏感元件的一类，按照温度系数不同，分为正温度系数热敏传感器和负温度系数热敏传感器。热敏传感器的典型特点是对温度敏感，不同的温度下表现出不同的电阻值。正温度系数热敏传感器在温度越高时电阻值越大，负温度系数热敏传感器在温度越高时电阻值越低，它们同属于半导体器件。

热敏传感器的重要元件是热敏电阻，且热敏电阻一般均为负温度系数热敏电阻，即热敏电阻的电阻值随温度升高而变小。温度系数一般为 -2% ~ -6%。热敏电阻的常用产品图如图 5-14 所示。

图 5-14　热敏电阻常用产品图

（三）主要特点

热敏电阻的电阻 - 温度特性曲线，如图 5-15 所示。图中显示的是负温度系数热敏电阻的特性曲线。

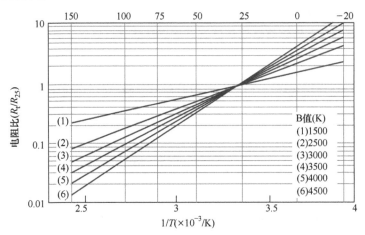

图 5-15　负温度系数热敏电阻的特性曲线

1. 主要优点

1）灵敏度较高，其电阻温度系数要比金属大 10 ~ 100 倍以上，能检测出 $10^{-6}℃$ 的温度变化。

2）工作温度范围宽，常温器件适用于 -55 ~ $315℃$，高温器件适用温度高于 $315℃$（最高可达到 $2000℃$），低温器件适用于 -273 ~ $-55℃$。

3）体积小，能够测量其他温度计无法测量的空隙、腔体及生物体内血管的温度。

4）使用方便，电阻值可在 0.1Ω～100kΩ 任意选择。

5）易加工成复杂的形状，可大批量生产。

6）稳定性好，过载能力强。

2. 主要缺点

1）阻值与温度的关系非线性严重。

2）元件的一致性差，互换性差。

3）元件易老化，稳定性较差。

4）除特殊高温热敏电阻外，绝大多数热敏电阻仅适合 0～150℃范围，使用时必须注意。

二、热敏电阻的分类

（一）按特性分

1. 正温度系数热敏电阻

正温度系数（Positive Temperature Coefficient，PTC）热敏电阻是指在某一温度增加情况下其电阻急剧增加的热敏电阻，其材料用作恒定温度传感器。常用正温度系数热敏电阻产品图如图 5-16 所示。

该材料是以 $BaTiO_3$ 或 $SrTiO_3$ 或 $PbTiO_3$ 为主要成分的烧结体，其中掺入微量的 Nb、

图 5-16　正温度系数热敏电阻产品图

Ta、Bi、Sb、Y、La 等氧化物进行原子价控制而使之半导体化，常将这种半导体化的 $BaTiO_3$ 等材料简称为半导（体）瓷；同时，还添加增大其正电阻温度系数的 Mn、Fe、Cu、Cr 的氧化物和起其他作用的添加物，采用一般陶瓷工艺成形、高温烧结而使钛酸铂等及其固溶体半导（体）化，从而得到正特性的热敏电阻材料。其温度系数及居里点温度随组分及烧结条件（尤其是冷却温度）不同而变化。

钛酸钡晶体属于钙钛矿型结构，是一种铁电材料，纯钛酸钡是一种绝缘材料。在钛酸钡材料中加入微量稀土元素，进行适当热处理后，在居里温度附近，电阻率陡增几个数量级，产生 PTC 效应，此效应与 $BaTiO_3$ 晶体的铁电性及其在居里温度附近材料的相变有关。钛酸钡半导瓷是一种多晶材料，晶粒之间存在着晶粒间界面。该半导瓷当达到某一特定温度或电压，晶体粒界就发生变化，从而电阻急剧变化。

钛酸钡半导瓷的 PTC 效应起因于粒界（晶粒间界）。对于导电电子来说，晶粒间界面相当于一个势垒。当温度低时，由于钛酸钡内电场的作用，导致电子极

容易越过势垒，则电阻值较小。当温度升高到居里点温度（即临界温度）附近时，内电场受到破坏，它不能帮助导电电子越过势垒。这相当于势垒升高，电阻值突然增大，产生 PTC 效应。钛酸钡半导瓷的 PTC 效应的物理模型有海望表面势垒模型、丹尼尔斯等人的钡缺位模型和叠加势垒模型，它们分别从不同方面对 PTC 效应作出了合理解释。

实验表明，在工作温度范围内，PTC 热敏电阻的电阻 – 温度特性可近似表示为

$$R_T = RT_0 \exp B_p (T - T_0) \tag{5-1}$$

式中，R_T、RT_0 分别表示温度为 T、T_0 时的电阻值；B_p 是该种材料的材料常数。

PTC 效应起源于陶瓷的粒界和粒界间析出相的性质，并随杂质种类、浓度、烧结条件等产生显著变化。最近，进入实用化的热敏电阻中，有利用硅片的硅温度敏感元件，这是体型小且精度高的 PTC 热敏电阻，由 n 型硅构成，因其中的杂质产生的电子散射随温度上升而增加，从而电阻增加。

PTC 热敏电阻于 1950 年出现，随后 1954 年出现了以钛酸钡为主要材料的 PTC 热敏电阻。PTC 热敏电阻在工业上可用作温度的测量与控制，也用于汽车某部位的温度检测与调节，还大量用于民用设备，如控制瞬间开水器的水温、空调器与冷库的温度，利用本身加热作气体分析和风速机等。

PTC 热敏电阻除用作加热元件外，同时还能起到"开关"的作用，兼有敏感元件、加热器和开关三种功能，称为"热敏开关"。电流通过元件后引起温度升高，即发热体的温度上升，当超过居里点温度后，电阻增加，从而限制电流增加，于是电流的下降导致元件温度降低，电阻值的减小又使电路电流增加，元件温度升高，周而复始，因此具有使温度保持在特定范围的功能，又起到开关作用。利用这种阻温特性做成加热源，作为加热元件应用的有暖风器、电烙铁、烘衣柜、空调等，还可对电器起到过热保护作用。

2. 负温度系数热敏电阻

负温度系数（Negative Temperature Coefficient，NTC）热敏电阻是指随温度上升电阻呈指数关系减小、具有负温度系数的热敏电阻现象和材料。该类材料是利用锰、铜、硅、钴、铁、镍、锌等两种或两种以上的金属氧化物进行充分混合、成型、烧结等工艺而成的半导体陶瓷，可制成具有负温度系数的热敏电阻。其电阻率和材料常数随材料成分比例、烧结气氛、烧结温度和结构状态不同而变化。现在还研究出了以碳化硅、硒化锡、氮化钽等为代表的非氧化物系 NTC 热敏电阻材料。

NTC 热敏半导瓷大多是尖晶石结构或其他结构的氧化物陶瓷，具有负的温度系数，电阻值可近似表示为

$$R_t = R_T \times \exp(B_n(1/T - 1/T_0)) \tag{5-2}$$

式中，R_T、RT_0 分别是温度 T、T_0 时的电阻值，B_n 是材料常数。陶瓷晶粒本身由于温度变化而使电阻率发生变化，这是由半导体特性决定的。常用负温度系数热敏电阻产品图如图 5-17 所示。

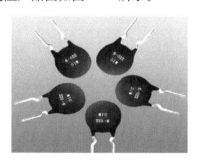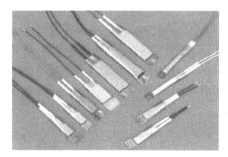

图 5-17　负温度系数热敏电阻产品图

NTC 热敏电阻的发展经历了漫长的阶段。1834 年，科学家首次发现了硫化银有负温度系数的特性。1930 年，科学家发现氧化亚铜－氧化铜也具有负温度系数的性能，并将之成功地运用在航空仪器的温度补偿电路中。随后，由于晶体管技术的不断发展，热敏电阻器的研究取得重大进展。1960 年，科学家研制出了 NTC 热敏电阻。NTC 热敏电阻广泛用于测温、控温、温度补偿等方面。下面介绍一个温度测量的应用实例。

它的测量范围一般为 $-10 \sim 300℃$，也可达到 $-200 \sim 10℃$，甚至可用于 $300 \sim 1200℃$ 环境中作测温用。R_T 为 NTC 热敏电阻；R_2 和 R_3 是电桥平衡电阻；R_1 为起始电阻；R_4 为满刻度电阻，校验表头，也称校验电阻；R_7、R_8 和 W 为分压电阻，为电桥提供一个稳定的直流电源；R_6 与表头（微安表）串联，起修正表头刻度和限制流经表头的电流的作用；R_5 与表头并联，起保护作用。在不平衡电桥臂（即 R_1、R_T）接入一个热敏元件 R_T 作为温度传感探头。由于热敏电阻的阻值随温度的变化而变化，因而使接在电桥对角线间的表头指示也相应变化，这就是热敏电阻温度计的工作原理。

热敏电阻温度计的精度可以达到 $0.1℃$，感温时间可少至 10s 以下。它不仅适用于粮仓测温仪，同时也可应用于食品储存、医药卫生、科学种田、海洋、深井、高空、冰川等方面的温度测量。

3. 临界温度系数热敏电阻

临界温度系数（Critical Temperature Resistor，CTR）热敏电阻是具有负电阻突变特性，在某一温度下，电阻值随温度的增加而发生急变，具有很大的负温度系数特性的热敏电阻。其材料构成是钒、钡、锶、磷等元素氧化物的混合烧结体，是半玻璃状的半导体，也称 CTR 热敏电阻为玻璃态热敏电阻。产生电阻急变的温度随添加锗、钨、钼等的氧化物而变。这是由于不同杂质的掺入，使氧化钒的晶格间隔不同造成的。若在适当的还原气氛中五氧化二钒（V_2O_5）变成二氧化钒（VO_2），则电阻急变温度变大；若进一步还原为三氧化二钒（V_2O_3），则电阻急变消失。产生电阻急变的温度对应于半玻璃半导体物性急变的位置，因此产生半导体-金属相移。CTR热敏电阻能够作为控温报警等应用。常用临界温度系数热敏电阻产品图如图5-18所示。

图5-18　常用临界温度系数热敏电阻产品图

　　热敏电阻的理论研究和应用开发已取得了引人注目的成果。随着高精尖科技的应用，对热敏电阻的导电机理和应用的更深层次的探索，以及对性能优良的新材料的深入研究，将会取得迅速发展。

　　（二）热敏电阻材料的分类

　　热敏电阻材料分为液体态热敏电阻、玻璃体热敏电阻、有机材料热敏电阻、单晶热敏电阻和多晶陶瓷热敏电阻，见表5-1。

表5-1　热敏电阻材料的分类表

大类	细分类	有代表性的热敏电阻材料
单晶	金刚石、Ge、Si	金刚石热敏电阻
多晶	迁移金属氧化物复合烧结体	Mn、Co、Ni、Cu、Al 氧化物烧结体
	无缺陷形金属氧化烧结体	ZrY 氧化物烧结体
	多结晶单体固溶体形多结晶氧化物	还原性 TiO_3、Ge、Si、Ba、Co、Ni 氧化物
	SiC 系	溅射 SiC 薄膜
NTC 玻璃	Ge 、Fe、V 等氧化物	V、P、Ba 氧化物、Fe、Ba、Cu 氧化物、Ge、Na、K 氧化物
	硫硒碲化合物	（As_2Se_3）0.8
	玻璃	（Sb_2Se_1）0.2
有机物	芳香族化合物	表面活性添加剂
	聚酰亚釉	
液体	电解质溶液	水玻璃
	熔融硫硒碲化合物	As、Se、Ge 系

三、热敏电阻的结构与工作原理

　　温度是表示物体冷热程度的物理量。温度的测量与控制一直都是电气自动化进行控制的一项重要指标。在工业现场和工作场所、家庭生活中均存在许多温度控制的因素与要求，特别是科技发展至今，一些温度控制的要求越来越精细、准确、可靠，而精细、准确、可靠的温度控制又决定于某种控制任务是否成功，而控制任务成功与否越来越依靠种类繁多、精细、准确、可靠性越来越高的热敏电阻和由其为主体组成的热敏电阻传感器。

热敏电阻是由金属氧化物采用粉末冶金工艺制成的一种合金体。它由锰、镍、钴、铁、铜等粉料按照一定的配方压制成型后，经 $1000 \sim 1500℃$ 高温烧结而成。通过改变合金的配比，可以制成不同温度范围、不同阻值、不同温度系数的热敏电阻；其为了减小引出线电阻值导致的误差，一般采用银线作为引出线；热敏电阻的阻值在室温（25℃）时可从几百 Ω 变化到几 MΩ；热敏电阻传感器的可测量温度范围为 $-200 \sim 1000℃$。利用这种电阻随温度变化而呈现显著变化的特性制成的敏感元件，称为热敏传感器（即热敏电阻传感器的简称）。

（一）热敏传感器的结构

1. 基本结构

普通型热电阻由感温元件（热敏电阻）、引线、接线端子、导热外壳等基本部分组成，如图 5-19 所示。如感温元件合金电阻丝缠绕式，为避免电感分量，热电阻丝常采用双线并绕，制成无感电阻。

组成 PTC 热敏电阻的合金微观结构图如图 5-20 所示。

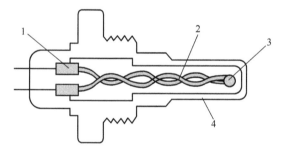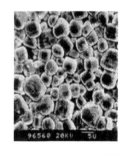

图 5-19 热敏电阻式温度传感器结构图　　　图 5-20 组成 PTC 热敏

1—接线端子 2—引线 3—热敏电阻 4—导热外壳　　电阻的合金微观结构图

热敏电阻产品的结构形式如下：

1）常规的热敏电阻产品的结构形式示意图，如图 5-21 所示。

2）常规的标准封装热敏电阻外观图，如图 5-22 所示。

3）各种类型的标准化热敏电阻图，如图 5-23 所示。

4）各式非标准型热敏电阻产品图，如图 5-24 所示。

2. 热敏传感器的工作原理

在金属中，载流子为自由电子，当温度升高时，虽然自由电子数目基本不变（当温度变化范围不是很大时），但每个自由电子的动能将增加，因而在一定的

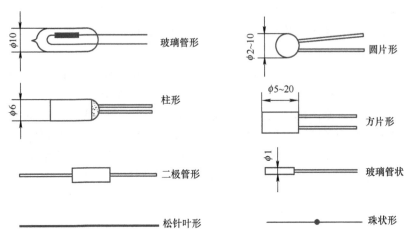

图 5-21　常规的热敏电阻产品的结构形式示意图

a)　　　　　　　　　　　　　　　　　　b)

图 5-22　常规标准封装热敏电阻外观图

a）MF12 型 NTC 热敏电阻　b）聚酯塑料封装热敏电阻

电场作用下，要使这些杂乱无章的电子做定向运动就会遇到更大的阻力，导致金属电阻值随温度的升高而增加。热电阻就是利用电阻随温度升高而增大这一特性来测量温度的。

热敏电阻是一种新型的半导体测温元件。半导体中参加导电的是载流子，由于半导体中载流子的数目远比金属中的自由电子数目少得多，所以它的电阻率大。随温度的升高，半导体中更多的价电子受热激发跃迁到较高能级而产生新的电子——空穴对，因而参加导电的载流子数目增加了，半导体的电阻率也就降低了（电导率增加）。因为载流子数目随温度上升按指数规律增加，所以半导体的电阻率也就随温度上升按指数规律下降。热敏电阻正是利用半导体这种载流子数随温度变化而变化的特性制成的一种温度敏感元件。当温度变化 1℃ 时，某些半导体热敏电阻的阻值变化将达到 3% ~ 6%。在一定条件下，根据测量热敏电阻值的变化得到温度的变化。

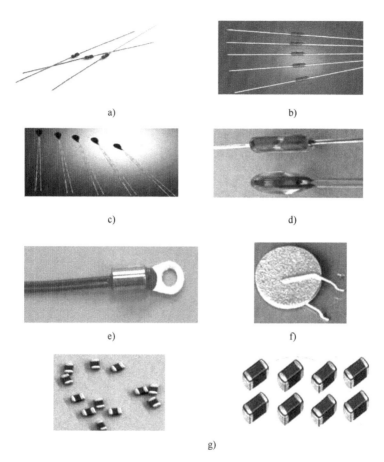

a)　　　　　　　　　　　　b)

c)　　　　　　　　　　　　d)

e)　　　　　　　　　　　　f)

g)

图 5-23　各种类型的标准化热敏电阻图

a）NTC 玻璃封装热敏电阻　b）玻璃封装 MF58 型热敏电阻
c）MF58 珠型高精度负温度系数热敏电阻　d）MF5A - 3 型热敏电阻
e）带安装孔型热敏电阻　f）片型 PTC 大功率热敏电阻
g）NTC 型贴片式热敏电阻

113

四、热敏电阻的技术参数

热敏电阻的主要技术参数有十余项，如标称电阻值、使用环境温度、最高工作温度、测量功率、额定功率、标称电压、最高工作电压、工作电流、温度系数、材料常数、时间常数等。

1）标称电阻值（R_C）：一般指环境温度为 25℃ 时热敏电阻的实际电阻值。

2）实际电阻值（R_T）：在一定的温度条件下所测得的电阻值。

3）材料常数（B）：为描述热敏电阻材料物理特性的参数，也是热灵敏度指标。B 值越大，表示热敏电阻的灵敏度越高。在实际工作时，B 值并非一个常

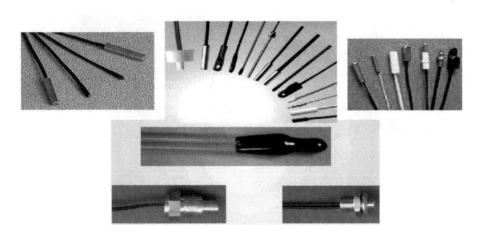

图 5-24   各式非标准型热敏电阻产品图

数，而是随着温度的升高而略有增加。

4）电阻温度系数（αT）：其表示温度变化 1℃ 时的电阻值变化率。单位为 %/℃ 。

5）时间常数（τ）：因为热敏电阻具有热惯性，时间常数就是描述热敏电阻热惯性的参数。其定义为：假设在无功率消耗的状态下，当环境温度由一个特定温度向另一个特定温度突然改变时，热敏电阻体的温度变化了两个特定温度之差的 63.2% 所需要的时间。可见 τ 越小表明热敏电阻的热惯性越小。

6）额定功率（P_M）：在规定的技术条件下，热敏电阻长期连续有负载所允许的耗散功率。在实际使用时不得超过额定功率。若热敏电阻工作得环境温度超过 25℃，则必须相应降低其负载。

7）额度工作电流（I_M）：热敏电阻在工作状态下规定的名义电流值。

8）测量功率（P_C）：在规定的环境温度下，热敏电阻体受测试电流加热而引起的阻值变化不超过 0.1% 时所消耗的电功率。

9）最大电压（P_{M-DC}）：对于 NTC 热敏电阻，是指在规定的环境温度下，不使热敏电阻器引起热失控所允许连续施加的最大直流电压；对于 PTC 热敏电阻，是指在规定的环境温度和静止空气中，允许连续施加到热敏电阻器上并保证热敏电阻器正常工作在 PTC 特性部分的最大直流电压。

10）最高工作温度（T_{max}）：在规定的技术条件下，热敏电阻长期连续工作所允许的最高温度。

11）开关温度（t_b）：PTC 热敏电阻的电阻值开始发生跃增时的温度。

12）耗散系数（H）：当温度增加 1℃ 时，热敏电阻所耗散的功率。单位为 nW/℃ 。

其中，标称电阻值是在 25℃ 零功率时的电阻值，实际上总是存在一定的误差，允许在±10%范围之内。

普通热敏电阻的工作温度范围较大，可根据需要从 -55~315℃ 中选择，应注意的是：不同型号的热敏电阻的最高工作温度差异很大，例如，MF11 片状负温度系数热敏电阻的最高工作温度为 +125℃，而 MF53-1 热敏电阻的最高工作温度仅为 +70℃，热敏传感器在诸多的技术指标中，其最基本的技术参数为"测量温度范围""热敏电阻的标称电阻值""额定功率"。

五、热敏电阻的检测方法

热敏电阻检测时，用万用表欧姆档（视标称电阻值确定档位，一般为 R×1档），具体可分两步操作：

（一）常温检测（室内温度接近25℃）

用鳄鱼夹代替表笔分别夹住 PTC 热敏电阻的两引脚测出其实际阻值，并与标称阻值相对比，二者相差在±2Ω 内即为正常。实际阻值若与标称阻值相差过大，则说明其性能不良或已损坏。其次加温检测，在常温测试正常的基础上，即可进行第二步测试。

（二）加温检测

将一热源（如电烙铁）靠近热敏电阻对其加热，观察万用表示数，此时如看到万用示数随温度的升高而改变，这表明电阻值在逐渐改变（NTC 热敏电阻的阻值会变小，PTC 热敏电阻的阻值会变大），当阻值改变到一定数值时显示数据会逐渐稳定，说明热敏电阻正常，若阻值无变化，说明其性能变劣，不能继续使用。

（三）测试时应注意以下几点

1）R_t 是生产厂家在环境温度为25℃时所测得的，所以用万用表测量 R_t 时，亦应在环境温度接近25℃时进行，以保证测试的可信度。

2）测量功率不得超过规定值，以免电流热效应引起测量误差。

3）注意正确操作。测试时，不要用手捏住热敏电阻体，以防止人体温度对测试产生影响。

4）注意不要使热源与 PTC 热敏电阻靠得过近或直接接触热敏电阻，以防止将其烫坏。

六、热敏传感器的选用原则及应用

（一）热敏传感器的用途

1. 温度的测量

这是热敏电阻的主要应用。通过热敏电阻感知环境温度或被测目标的温度变化，再经过测量电路的转换，转换为反应温度变化的电压信号。

应用时，一般选择微功耗热敏电阻，其后置电路也就必须不取电流的运放型元件（如电压比较器），以防止电流过大造成自身发热，而影响测试结果。

应用时，将 PTC 热敏电阻与一大阻值电阻串联在电压比较器的正向输入端，用一个电位器的滑动端接在比较器的反向输入端，固定端分别接入电源和地。

当低温时，PTC 热敏电阻处于低阻抗状态，电压较低，调节电位器使比较器的反向输入端也处于低电平并低于正向输入端的电位，则比较器输出为低电平。

一旦温度超过一定值，就可以完成温度的控制。

2. 电路的限流与保护

利用 CTR 热敏电阻可以制作自恢复过电流保护器。PTC 热敏电阻可以作为用电回路的过电流限制器，将 NTC 热敏电阻串接在整流滤波电容器的前端，可以有效地抑制通电时电容电流造成的冲击。

在电动机的控制中，当电动机工作电流正常时，CRT 热敏电阻处于低阻抗，其形成的压降不足以影响电动机的正常工作；在运行中一旦发生了电动机的过流故障，由于电流迅速增加，导致 CTR 热敏电阻的温度也迅速升高，当其温度升高至120℃时，其阻抗迅速增大，形成近乎如电路的断路状况，则电动机停转。利用 NTC 热敏电阻或 CTR 热敏电阻的负温度特性，当电路接通时，由于热敏电阻温度即为环境温度，温度较低，阻抗较大或很大，电容器的充电冲击电流得到有效抑制。经过一定时间的电流作用，热敏电阻的温度开始升高，其电阻也明显下降，充电电流变大，直至电路达到稳定状态，热敏电阻均维持在低阻抗状况下，电路则可以正常工作。

（二）热敏电阻的选择

一般用于温度控制与显示的热敏电阻，应选择微功耗型，尽量使流过热敏电阻的电流不造成明显的"测量温升"而导致温度测试误差。同时，热敏电阻选择时还应注意在有效的温度测试范围内应有较好的线性度。

对应用于限流控制功能的热敏电阻，一般应选择功率型热敏电阻，应使其最大的稳态电流大于所在电路的工作电流。在这种应用中，热敏电阻在满足电路所需的功能条件下，可不必强调其线性度，而需要关注其温度响应速度及保护和限流功能时稳态后的阻值。

热敏电阻也可作为电子线路元件用于仪表线路温度补偿和温差电偶冷端温度补偿等。利用 NTC 热敏电阻的自热特性可实现自动增益控制，构成 RC 振荡器稳幅电路，延迟电路和保护电路。在自热温度远大于环境温度时，阻值还与环境的散热条件有关，因此在流速计、流量计、气体分析仪、热导分析中常利用热敏电阻这一特性，制成专用的检测元件。PTC 热敏电阻主要用于电器设备的过热保护、无触点继电器、恒温、自动增益控制、电动机起动、时间延迟、彩色电视自动消磁、火灾报警和温度补偿等方面。

目前，热敏传感器的设计、制造及标准化已趋于成熟，产品选择范围很大。所以在选择之前，了解其基本原理、主要技术指标是十分必要的。

七、热敏传感器的发展前景

普通传感器朝着高精度、使用方便快捷、省力方向发展。而热敏传感器是一种把应变信号直接转换成电信号的敏感元件，因此适用于制作各种传感器，热敏传感器主要用于测力、压力、加速度、位移、扭矩等。热敏传感器主要用于试验研究工作，经常用于工业检测以及生产线的称重计量和控制，在医学和生物工程等方面的使用也有所增加。在使用过程中，通常要求传感器具有电信号输出稳定、响应速度快以及体积小、重量轻等特性，而热敏传感器都能满足这样的条件。但热敏传感器在温度、蠕变、滞后、弹性模量自补偿等多种功能方面还存在不足。但是随着优良的酚醛胶、环氧—酚醛胶及聚酰亚胺胶等材料的相继问世，性能更完善的热敏传感器将会有更美好的前景。

第六章

传感器在电动汽车上的应用

第一节 防撞系统

一、汽车防撞预警系统

汽车防撞预警系统（vehicle collision warning system）也称作汽车自动防撞系统。其主要用于协助驾驶员在驾驶过程中避免追尾、与行人碰撞，以及避免高速中无意识偏离车道等重大交通事故。汽车防撞预警系统像第三只眼一样，帮助驾驶员持续不断的检测车辆前方道路状况，系统可以识别判断各种潜在的危险情况，并通过不同的声音和视觉提醒，帮助驾驶员避免或减缓碰撞事故。

（一）汽车防撞预警系统工作原理

汽车防撞预警系统是一种主动辅助驾驶系统，通过综合感知并检测驾驶室内外环境、车辆周围的障碍物和危险态势，及时发出报警，为驾驶员或车辆系统获得足够的安全时间，从而阻止或减少碰撞情况发生，达到安全行车的目的。汽车防撞预警系统分布图，如图6-1所示。

汽车防撞预警系统包括三个子系统：

1）传感器感知子系统，收集车辆环境信息。

2）中心处理子系统，评估交通事态。

3）输出子系统，通过人机生态界面为驾驶员提供驾驶信息；同时，通过车辆系统及时控制车辆，对车辆的纵向横向控制做出调整。

（二）汽车防撞预警系统描述

汽车防撞预警系统是基于智能视频分析、处理的汽车防撞预警系统，通过动态视频摄像技术、计算机图像处理技术来实现其预警功能。主要功能为车距监测及追尾预警、前方碰撞预警、车道偏离预警、导航功能、黑匣子功能。相对于国内外现有的防撞预警系统（如超声波防撞预警系统、雷达防撞预警系统、激光防撞预警系统、红外线防撞预警系统等），汽车防撞预警系统在功能、稳定性、

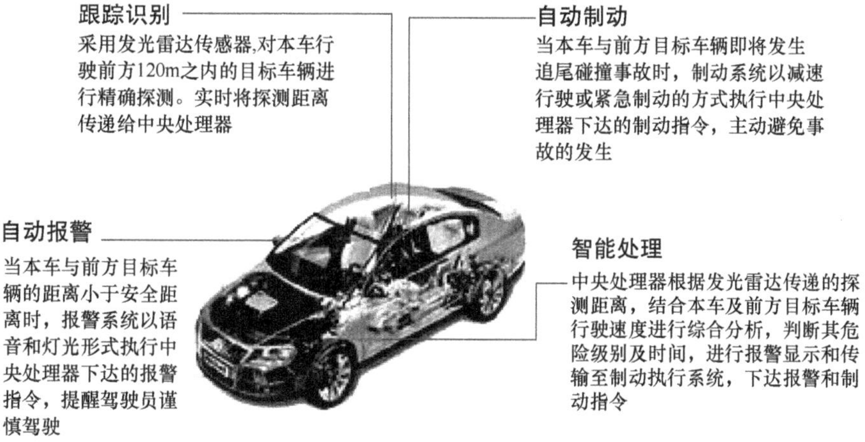

跟踪识别

采用发光雷达传感器,对本车行驶前方120m之内的目标车辆进行精确探测。实时将探测距离传递给中央处理器

自动制动

当本车与前方目标车辆即将发生追尾碰撞事故时,制动系统以减速行驶或紧急制动的方式执行中央处理器下达的制动指令,主动避免事故的发生

自动报警

当本车与前方目标车辆的距离小于安全距离时,报警系统以语音和灯光形式执行中央处理器下达的报警指令,提醒驾驶员谨慎驾驶

智能处理

中央处理器根据发光雷达传递的探测距离,结合本车与前方目标车辆行驶速度进行综合分析,判断其危险级别及时间,进行报警显示和传输至制动执行系统,下达报警和制动指令

图 6-1　汽车防撞预警系统分布图

准确性、人性化、价格上都具有无可比拟的优势,可全天候、长时间稳定运行,极大提高了汽车驾驶的舒适性和安全性。

(三) 功能概况

1. 车距监测及预警

系统不间断地监测与前方车辆的距离,并根据与前方车辆的接近程度提供三种级别的车距监测警报。

2. 汽车越线预警

在转向灯没有打开的情况下,车辆穿过各种车道线之前约 0.5s 时,系统会产生越线警报。

3. 前向碰撞预警

系统警示驾驶者与前方车辆即将发生碰撞。当本车辆按当前行驶速度与前方车辆的可能碰撞时间在 2.7s 内时,系统将产生声、光警报。

4. 其他功能

黑匣子功能、智能导航、休闲娱乐、雷达预警系统(可选)、胎压监测(可选)、数字电视(可选)、倒车后视(可选)。

(四) 技术优势

汽车防撞预警系统具有两个 32 位 ARM9 处理器,管理着 4 层计算引擎,运行速度更快,计算能力更强;视频分析处理技术是其技术的核心,采用 CAN 总线传输技术,使其能更好的与汽车信号结合,白天/夜晚、晴天/雨雪天、桥涵/隧道、平原/山地等全天候报警,采用单一的视觉感知系统使其成本更低。

(五) 发展历史

当前汽车防撞预警系统的毫米波雷达,主要有 24GHz 和 77GHz 两个频段。

例如，Wayking 24GHz 雷达系统，主要实现近距离探测（SRR），不仅广泛应用在汽车防撞预警系统中，也应用在无人机上，作为定高雷达使用。而 77GHz 雷达系统，主要实现远距离的探测（LRR）。或者是 24GHz 和 77GHz 两个频段结合使用，实现远近距离的探测。

二、倒车雷达

（一）倒车雷达的释义

倒车雷达全称叫"倒车防撞雷达"（即停车距离控制系统，英文全称和缩写分别为 Parking Distance Control 和 PDC），也叫"泊车辅助装置"，是汽车泊车或者倒车时的安全辅助装置，由超声波传感器（俗称探头）、控制器和显示器（或蜂鸣器）等部分组成。在倒车时，帮助司机"看见"后视镜里看不见的东西，以声音或者更为直观的显示告知驾驶员周围障碍物的情况，解除了驾驶员泊车、倒车和起动车辆时前后左右探视所引起的困扰，并帮助驾驶员扫除了视野死角和视线模糊的缺陷，提高驾驶的安全性。倒车雷达也存在一定的盲区，包括过于低矮的障碍物（低于探头中心 10 ~ 15cm 以下的障碍物）、过细的障碍物（如隔离桩、斜拉钢缆）和沟坎。倒车雷达是根据蝙蝠在黑夜里高速飞行而不会与任何障碍物相撞的原理设计开发的，倒车雷达的显示器装在后视镜上，它不停地提醒司机车辆和后面物体之间还有多少距离，到危险距离时，蜂鸣器就开始鸣叫，提醒司机及时停车。其在智能汽车中的分布如图 6-2 所示。倒车雷达系统结构如图 6-3 所示。

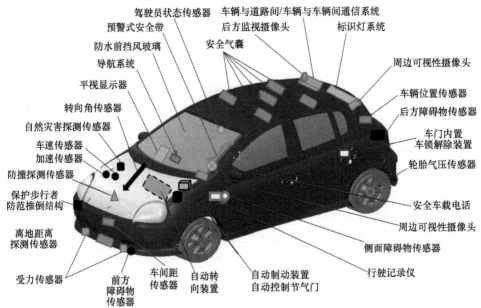

图 6-2　智能汽车传感器/监视器分布示意图

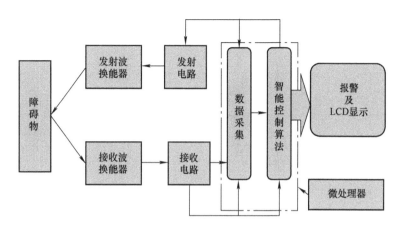

图 6-3　倒车雷达系统结构示意图

雷达为利用无线电回波以探测目标方向和距离的一种装置。人们开始熟悉雷达，是在 1940 年的不列颠空战中，700 架载有雷达的英国战斗机，击败两千架德国轰炸机，改写了历史。第二次世界大战后，雷达开始用于和平用途。在天气预测方面，它能用来侦测暴风雨；在飞机轮船航行安全方面，它可帮助机场航管人员或港口领港人员更有效地完成任务。

雷达工作原理与声波反射情形类似，差别只在于，雷达所使用的波为频率极高的无线电波，而非声波。雷达发射机相当于喊叫声的声带，发出类似喊叫声的电脉冲（Pulse），雷达指向天线犹如喊话筒，使电脉冲能量能集中向某一方向发射。接收机作用则与人耳相仿，用以接收雷达发射机所发出电脉冲回波。测速雷达主要是利用多普勒效应（Doppler Effect）：当目标向雷达天线靠近时，反射信号频率将高于发射机频率；反之，当目标远离天线时，反射信号频率将低于发射机率。如此即可借由频率的改变数值，计算出目标与雷达的相对速度。

（二）倒车雷达的工作原理

PDC 的工作原理是在车的后保险杠或前后保险杠设置雷达侦测器，用以侦测前后方的障碍物，帮助驾驶员"看到"前后方的障碍物，或判断停车时与其他车辆的距离，此装置除了方便停车外，更可以保护车身不受刮蹭。倒车雷达系统工作示意图如图 6-4 所示。

PDC 是以超音波感应器来侦测出离车辆最近的障碍物距离，并发出警笛声来警告驾驶者。而警笛声的控制通常分为两个阶段，当车辆的距离达到某一开始侦测的距离时，警笛声开始以某一高频的警笛声鸣叫，而当车辆行至更近的某一距离时，则改以连续的警笛声，来告知驾驶者。PDC 的优点在于，驾驶员可以用听觉获得有关障碍物的信息，或与其他车辆的距离。PDC 主要是协助停车的，所以当达到或超过某一车速时，系统功能将会关闭。

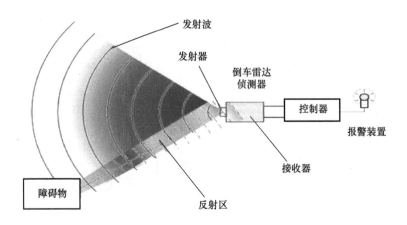

图 6-4　倒车雷达系统工作原理示意图

（三）倒车雷达的摄像头

倒车摄像头位置示意图如图 6-5 所示。

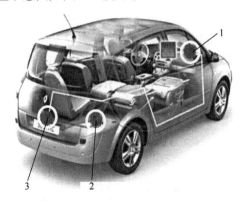

图 6-5　倒车摄像头位置示意图
1—显示器位置　2—摄像头电源（接倒车灯）　3—摄像头位置

（四）倒车雷达各部件的作用

1）超声波传感器用于发射及接收超声波信号，并可完成距离的测量。

2）主机发射正弦波脉冲给超声波传感器，并处理其接收到的信号，换算出距离值，然后将数据传送给显示器。

3）显示器或蜂鸣器用于接收主机距离数据，并依照距离远近来显示距离值，同时提供不同级别的距离报警音。

倒车雷达由主机控制，传感器发射超声波信号，若遇到障碍物就会有回波信号，传感器经主机对收到的回波信号进行数据处理并判断出障碍物的位置，由显示器显示距离并发出其他警示信号，使驾驶员在倒车时能了解到具体情况，倒车会更加安全。

（五）倒车雷达的选择

1. 质量方面

倒车雷达作为一种汽车用品，最重要的是质量过硬、提供的服务好、承诺的包修期长。

2. 功能方面

从功能方面区分，倒车雷达可分为 LCK 距离显示、声音提示报警、方位指示、语音提示、探头自动检测等，一个功能齐全的倒车雷达应具备以上这些功能。

3. 性能方面

性能主要从探测范围、准确性、显示稳定性和捕捉目标速度来考证。探测范围至少在 0.4~1.5m；准确性主要看两个方面，首先看显示分辨率，一般为 10cm，好的能达到 1cm，其次看探测误差，即显示距离与实际距离间的误差，好产品的探测误差低于 3cm；显示稳定性是指在障碍物反射面不好的情况下，能否捕捉到并稳定显示出障碍物的距离；捕捉目标速度反映倒车雷达对移动物体的捕捉能力。倒车雷达性能方面的要求是：测得准、测得稳、范围宽和捕捉速度快。

4. 外观工艺方面

作为汽车的内外装饰件，需要和汽车的整体结构、颜色相协调。

（六）使用注意事项

1）倒车雷达探头应安装在后保险杠上，探头以大约 45°辐射，上下左右搜寻目标。它最大的好处是能探索到那些低于保险杠而驾驶员从车后窗难以看见的障碍物（如花坛、蹲在车后玩耍的小孩等）并报警，如图 6-6 所示。

图 6-6　倒车雷达系统部件安装位置示意图

2）挡位杆挂入倒挡时，倒车雷达自动开始工作，当探头侦测到后方物体时蜂鸣器发出警示，当车辆继续倒车时，警报声的频率会逐渐加快，最后变为长鸣音。

第二节　安全气囊传感器

安全气囊传感器一般也称碰撞传感器，按照用途的不同，碰撞传感器分为触发碰撞传感器和防护碰撞传感器。其安装位置示意图如图6-7所示。

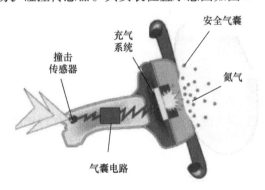

图6-7　安全气囊传感器安装位置示意图

触发碰撞传感器也称碰撞强度传感器，用于检测碰撞时的加速度变化，并将碰撞信号传给气囊电路，作为气囊电路的触发信号。

防护碰撞传感器也称安全碰撞传感器，它与触发碰撞传感器串联，用于防止气囊误爆。

124

一、简介

按照结构的不同，碰撞传感器还可分为机电式碰撞传感器、电子式碰撞传感器以及机械式碰撞传感器。防护碰撞传感器一般采用电子式结构，触发碰撞传感器一般采用机电结合式结构或机械式结构。机电式碰撞传感器是利用机械的运动（滚动或转动）来控制电气触点动作，再由触点断开和闭合来控制气囊电路的接通和切断，常见的有滚球式和偏心锤式碰撞传感器。电子式碰撞传感器没有电气触点，目前常用的有电阻应变式和压电效应式两种。机械式碰撞传感器常见的有水银开关式，它是利用水银导电的特性来控制气囊电路的接通和切断。

二、缺陷

安全气囊作为提高汽车安全性的有效措施之一，越来越受到人们的重视，一些实际的碰撞事故证明安全气囊确具有降低乘员伤亡的功效，但也发现了其存在的一些问题。安全气囊在使用中存在的问题有：

（一）气囊可能在很低的车速时打开

汽车在很低车速行驶而发生碰撞事故时，乘员和驾驶员系上安全带即可，完全不需要安全气囊展开起保护作用。如果这时展开安全气囊反而会造成不必要的浪费，甚至还可能因安全气囊展开而加重碰撞伤害。

（二）气囊的启动会对乘员造成伤害

安全气囊系统启动时，将冲开气囊盖板，并且在瞬间展开充气，很可能对乘员造成冲击；产生的灼热气体也会灼伤乘员和驾驶员。

据计算，若汽车以 60km 的时速行驶，突然的撞击会令车辆在 0.2s 之内停下，而气囊则会以大约 300km/h 的速度弹出，而由此所产生的撞击力约有 180kg，这对于头部、颈部等人体较脆弱的部位就很难承受。

当乘客偏离座位或座位上无人或儿童乘坐时，气囊系统的启动不仅起不到应有的保护作用，还可能会对乘员造成一定的伤害。

第三节 汽车雨量传感器

汽车雨量传感器是根据落在玻璃上雨水量的大小，来调整刮水器动作的传感器。它有一个 LED 的光电二级管负责发送远红外线，当玻璃表面干燥时，光线几乎是 100% 被反射回来，这样光电二级管就能接收到很多的反射光线。而玻璃上的雨水越多，反射回来的光线就越少，其结果是刮水器动作越快。

一、雨量传感器的作用

暗藏在前挡风玻璃后面，它能根据落在玻璃上雨水量的大小来调整刮水器的动作，因而大大减少了开车人的烦恼。雨量传感器不是以几个有限的挡位来变换刮水器的动作速度，而是对刮水器的动作速度做无级调节。

雨量传感器主要是用来检测是否下雨及雨量的大小。当汽车在雨雪天等恶劣天气下行车时，雨量传感器还可以向微电脑提供信号，微电脑自动调整前照灯的宽度、远近度、明暗度；同时，天窗系统也会自动关闭。

为确保驾驶员在雨天具有良好的视线，自动刮水器装配在汽车前挡风玻璃上，在下雨天，当传感器检测到有雨水时，就对刮水器发出指令使其开始工作，汽车前挡风玻璃上的雨水即被及时清除。且智能控制系统会根据雨量大小，控制刮水器的刮水频率，提高驾驶员的视觉效果，保证驾驶员视线通畅，确保行车安全。

二、雨量传感器的种类和原理

常见的雨量传感器主要有流量式雨量传感器、静电式雨量传感器、压电式雨量传感器和红外线式雨滴传感器。其在汽车上的安装位置示意图如图 6-8 所示。

（一）流量式雨量传感器

图 6-9 所示为流量式雨量传感器控制电路原理图，S1、S2、S3 为流量监测

电极板，如设置 S1 – S2 为 2.5cm，距离较近，小雨量时 T1 先导通，J1 继电器吸合，刮水器电动机低速转动；设置 S1 – S3 为 3cm，距离较远，大雨量时 T2 先导通，J2 继电器吸合，常开触点接通，刮水器电动机高速转动。

（二）电容式雨量传感器

图6-10 所示为电容式雨量传感器控制电路原理图，静电面积 S、电极间的距离 d 不变，则电容 C 只由介电系数 ε 决定。因雨水和空气的介电系数 ε 不同，C 随雨水的大小变化，即利用静电面积 S 的变化，改变振荡电路的频率而得到电信号的变化，以此电信号控制刮水器电动机的转速，从而改变刮水器的快慢。

图 6-8　汽车雨量传器安装位置示意图

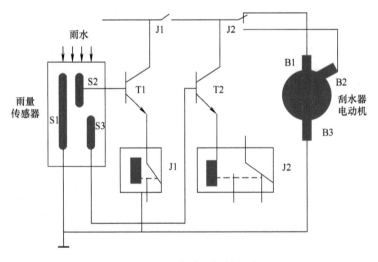

图 6-9　流量式雨量传感器控制电路原理图

（三）压电式雨量传感器

压电式雨量传感器由振动板、压电元件、放大电路、壳体及阻尼橡胶构成，如图 6-11 所示。其控制框图如图 6-12 所示。

振动板的功能是接收雨滴冲击的能量，按自身固有振动频率进行弯曲振动，并将振动传递给内侧压电元件上；压电元件把从振动板传递来的变形转换成电压；用传感器上的压电元件检测雨量，当压电元件上出现机械变形时，在两侧的电极上就会产生电压。所以，当雨滴落到振动板上时，压电元件上就会产生电压，电压大小与加到振动板上的雨滴能量成正比，一般为 $0.5 \sim 300\mathrm{mV}$。放大电

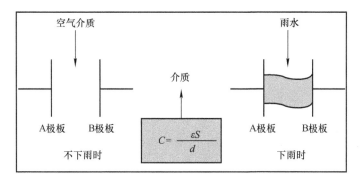

图 6-10　电容式雨量传感器控制电路原理图

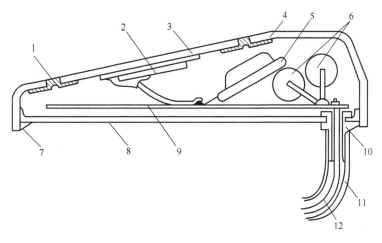

图 6-11　压电式雨量传感器的结构图

1—阻尼橡胶　2—压电元件　3—振动板（不锈钢）　4—上盖（不锈钢）　5—混合集成电路
6—电容器　7—密封条　8—下盖　9—电路板　10—密封套　11—套管　12—线束

图 6-12　压电式雨量传感器控制框图

路将压电元件上产生的电压信号放大后，再输入到刮水器放大器中。放大器由晶体管、芯片、电阻、电容器等部件组成。

　　压电式雨量传感器安装在车身外部，其壳体密封要求良好，并用不锈钢材料制成。振动板通过阻尼橡胶在外壳上保持弹性，阻尼橡胶除了可以屏蔽车身传给外壳的高频振动外，它的支撑刚性还可避免外界对振动板的振动工况发生干扰。

　　采用压电式雨量传感器的雨量检测刮水器，是将雨量传感器检测出的雨量变成电信号，根据电信号的大小控制刮水器的动作，自动设定刮水器的工作时间间隔。在这个系统中，雨量传感器的作用最重要。

利用压电振子的传感器，其核心部件压电振子是利用压电效应将机械位移（振动）变成电信号。如图6-13和图6-14所示，压电振子受到雨淋，按照雨滴的强弱和雨量大小产生振动。压电传感器的结构如图6-15所示。

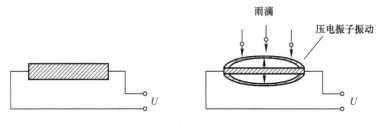

图6-13　压电振子工作原理图

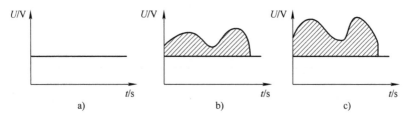

图6-14　压电振子振动转化成电信号

a）不下雨时　b）雨小时　c）雨大时

压电式传感器本身的内阻抗很高，而输出的能量较少，因此，它的测量电路通常需要接入一个高输入阻抗的前置放大器，其作用，一是把它的高输出阻抗转换为低输出阻抗；二是将传感器输出的微弱信号进行放大。压电式传感器的输出一般为电压信号，因此，前置放大器采用电压放大器。

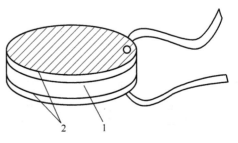

图6-15　压电式传感器的结构图

1—陶瓷（钛酸钡）　2—电极（金属蒸发）

压电式传感器实际上也是一个阻抗变换器，如图6-16a是电压放大器的电路原理图，图6-16b是电压放大器的等效电路图。

当雨滴接触到传感器表面时，在传感器内部产生随雨滴强度和频率变化的电压变换，该电压波形经传感器内部放大器放大，存储于功率放大器内部。当信号达到一定值时，经过电路输入至刮水器的驱动电路，刮水器随即启动开始刮雨。

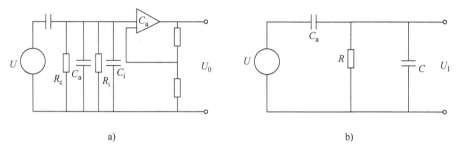

a)   b)

图 6-16 电压放大器的电路原理图及等效电路图
a）电路原理图 b）等效电路图

其应用示意图如图 6-17 所示。

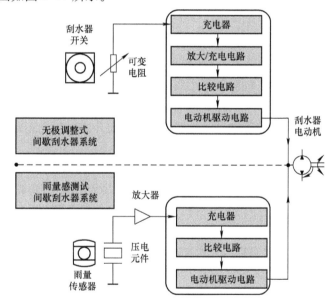

图 6-17 压电式雨量传感器的应用示意图

（四）红外线式雨量传感器

红外线式雨量传感器利用在密度相对不同的介质中，光的反射和光的折射有差异的原理，来判断是否有雨滴或雨量的大小，从而控制刮水器启动或控制刮水器的速度。

光的反射：当光照射到物体表面时，有一部分的光会被物体反射回来，这种现象叫作光的反射。

光的折射：光从一种介质斜射入另一种介质时，传播方向发生偏折，这种现象叫作光的折射。

光密介质：折射率较大的介质叫作光密介质。

光疏介质：折射率较小的介质叫作光疏介质。

在光密介质和光疏介质中的光的反射与折射示意图见图 6-18 所示。

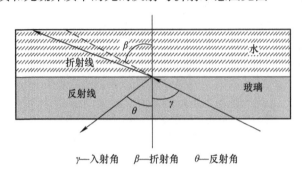

γ—入射角   β—折射角   θ—反射角

图 6-18   在光密介质和光疏介质中的光的反射与折射示意图

光密介质和光疏介质都是相对而言的。当光照射到两种介质界面，只产生反射而不产生折射；当光由光密介质射向光疏介质时，折射角将大于入射角；当入射角增大到某一数值时，折射角将达到 90°，这时在光疏介质中将不出现折射光线，只要入射角大于或等于上述数值时，均不再存在折射现象，这就是全反射。所以，产生全反全反射的条件是：光线必须由光密介质射向光疏介质；入射角必须大于或等于临界角。

1. 无雨水接触挡风玻璃时

根据上述光学原理，若让 LED 红外线发射器按入射角大于 42°小于 63°，射入挡风玻璃，这样形成红外光全反射，反射线由光电管全部接收。

在没有雨水接触挡风玻璃时的操作如下，其工作原理图如图 6-19 所示。

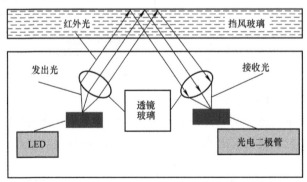

图 6-19   红外线式雨量传感器原理图（无雨滴时）

1）从雨量传感器的 LED 向挡风玻璃发射红外线。

2）所发射的红外线通过透镜，并从挡风玻璃反射回来。

3）从挡风玻璃反射回来的红外线被雨量传感器中的光电二极管接收。

4）光电二极管接收红外线光，雨量传感器中的微型电子计算机根据反射率计算降雨量，并将此转换成电信号，然后将挡风玻璃刮水控制信号发送到自动光、刮水器控制模块，刮水器不工作。

2. 雨水接触挡风玻璃时

红外光经雨水折射，导致反射光线减弱。雨量越大，折线（散射）光线越多，反射光线越弱。

在有雨水接触挡风玻璃时的操作如下，其工作原理图如图 6-20 所示。

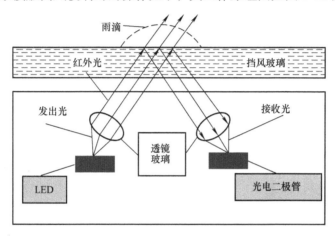

图 6-20 红外线式雨量传感器原理图（有雨滴时）

1）从雨量传感器的 LED 向挡风玻璃发射红外线。

2）所发出的红外线通过透镜被挡风玻璃接收，并被接触挡风玻璃的雨水散射。

3）没有扩散的红外光被挡风玻璃反射，并由雨量传感器里面的光电二极管接收。

4）光电二极管接收红外线光，雨量传感器中的微型计算机根据反射率计算降雨量，并将此转换成电信号，然后将挡风玻璃刮水控制信号送到自动光、刮水器控制模块，控制刮水器的速度。

第四节 智能胎压监测系统

一、系统组成

汽车的智能胎压监测系统（Tire Pressure Monitoring System，TPMS），为无线智能感应、监视系统，主要由两部分硬件组成，即安装于轮胎内的感应器及发射器（感应器和发射器二合一，集成为一个完整的模块单元）和安装于驾驶室内的接收器及显示器。用于后装市场的 TPMS，通常是接收器和显示器二合一，集成为一个完整的模块单元。

二、系统的工作原理

当汽车开动时，最先由加速度传感器将信号发送给接收器，随后将监测到的轮胎压力与温度信号一起传送给接收器，当接收器接收到信号后就会立马显示出来。汽车行驶过程中，无线胎压监测器的传感器每 4s 监测一次数据，如无异常，为了保证省电，每 20s 向接收器发送一次数据；当有异常时，每 4s 向接收器发送一次数据。

三、系统的作用

其作用是在汽车行驶过程中对轮胎气压进行实时自动监测，并对轮胎漏气和低气压进行报警，以确保行车安全。汽车的智能胎压监测系统如图 6-21 所示。

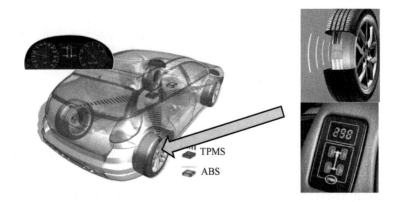

TPMS

ABS

图 6-21　汽车的智能胎压监测系统

当某轮胎的气压降低时，该轮胎的滚动半径将变小，导致其转速比其他轮胎快。通过比较轮胎之间的转速差别，以达到监视胎压的目的。

间接式胎压监测系统实际上是依靠计算轮胎滚动半径来对气压进行监测；直接式胎压监测系统是用带有传感器的气门嘴直接替换原车的气门嘴，采用传感器内的感应芯片感知轮胎在静止和运动状态下的胎压和温度细微变化，将电信号转变成无线射频信号，并采用独立的频道发射器传入接收器内，从而使车主无论在行车还是静止状态下都能查看车身轮胎的胎压和温度。

根据《乘用车轮胎气压监测系统的性能要求和试验方法》（GB 26149—2017）的规定要求，2019 年 1 月 1 日起，M1 类的汽车被强制要求安装胎压监测，2020 年 1 月 1 日起，TPMS 强制安装法规将开始执行，我国生产的所有车辆都必须安装直接式或间接式 TPMS 系统。其中，直接式 TPMS 使用体验更好，有望成为主流。TPMS 与安全气囊、ABS 系统构成汽车三大安全系统，可有效预防交通事故。

胎压监测系统，该技术最先起源于 20 世纪 90 年代末，因其良好的安全性能，最开始是作为豪华车型的配置。但随着汽车走进千家万户，且对安全越来越重视，所以我国迎来了 TPMS 强制国家标准的出台。

有相关数据表示，在保持正常胎压的情况下，每年将节约燃油消耗 101 万 t，节省燃油费用 76 亿元。所以，使用 TPMS 是经济可行的。

四、胎压监测的方式

（一）直接式胎压监测

直接式胎压监测装置是利用安装在每一个轮胎里的压力传感器来直接测量轮胎的气压，利用无线发射器将压力信息从轮胎内部发送到中央接收器模块上，然后对各轮胎气压数据进行显示。当轮胎气压太低或漏气时，系统会自动报警。

（二）间接式胎压监测

间接式胎压监测的工作原理是当某轮胎的气压降低时，车辆的重量会使该轮胎的滚动半径变小，导致其转速比其他轮胎快。通过比较轮胎之间的转速差别，达到监视胎压的目的。间接式胎压监测实际上是依靠计算轮胎滚动半径来对气压进行监测。

（三）轮胎智能监控系统

轮胎智能监控系统它兼有上述两个系统的优点，它在汽车上两个互相成对角线的两两轮胎内装备直接传感器，并装备一个 4 轮间接系统。与全部使用直接系统相比，这种复合式系统可以降低成本，克服间接系统不能检测出多个轮胎同时出现气压过低的缺点。但是，它仍然不能像直接系统那样提供所有 4 个轮胎内实际压力的实时数据。

通过上述三种测试的对比，可见 TPMS 是当下最智能的一种，胎压监测系统不仅能在轮胎出现高压、低压、高温时报警，提醒车主注意行车安全，也能帮助车主节油省钱。胎压监测系统相关统计数据显示：汽车缺气行驶将多消耗 3.3%的燃油。很多车主可能都不知道轮胎有缓慢自然漏气的现象，通过胎压监测系统实时了解轮胎状况，预防爆胎，节油环保。

第五节　纯电动汽车远程监管和控制技术

基于大数据互联网的应用，在监控平台的建立及车载终端设备的基础上，通过 CAN 总线通信，可以及时了解车辆的相关信息并方便快捷地实现整车远程控制功能。

133

　　打造新能源汽车监控平台，一方面，能够更好地对新能源汽车零部件的工作状态、电池利用率等进行收集和技术分析，从而提出可行的优化方案；另一方面，通过对车辆和设备的实时监测和远程故障诊断预警，可帮助驾驶员快速锁定安全隐患，排除故障，保障行车安全。

　　新能源汽车的迅速推广带动了各种模式下汽车租赁行业的蓬勃发展。为了对其进行有效监管，远程数据监控及锁车功能就显得尤为必要。为此，在一定情况下通过 GPS 监控平台发送相关指令，便可以使车辆进入跛行模式或者无法起动的状态，以保证安全。

一、监管内容

　　基于远程监控的平台，应用大数据互联网技术而提出的一种更为方便快捷有效的远程控制新方法，即 GPS 远程控制，均采用 GPS 报文的标准格式发送。

　　表6-1 为 GPS 远程锁车流程的发送报文示意。车载终端通过 CAN 总线实时获取整车控制器相关数据。在一定情况下，GPS 通过无线网络发送锁车指令给车载终端，其接收到指令后在 CAN 总线上发送锁车报文，由整车控制器进行判断并响应车辆下电或无法起动命令。与此同时，车载终端将这些数据同步存储在本地 SD 卡中，并通过 GPRS/4G/5G 无线网络将数据发送到远程管理服务平台。由此便实现了远程控制功能。

　　需要格外注意的是，在使用 GPS 远程控制功能时，首先需要对目标车辆进行相关的定位，以确保其在安全无妨碍的情况下才启用 GPS 远程控制功能。

　　上述锁车控制方式为限制扭矩，该限制扭矩量为30%。

二、实施方式

　　有4种工作模式：无效、正常、跛行、待机。

（一）无效模式

1）由整车控制器判断是否接收到车载终端转发的远程控制指令。

2）若整车控制器接收到远程控制指令，则同时判断钥匙信号是否处于 Key ON 状态。

3）若钥匙信号处于 Key ON 状态，整车控制器不响应当前控制指令，直到钥匙信号处于 Key OFF 状态时，才响应相关的控制指令。

4）整车控制器响应指令成功后，车辆便处于远程控制状态，直到重新发送相关控制指令才可恢复正常模式。

（二）正常模式

若整车控制器未接收到任何控制指令或处于默认状态，都为正常模式。

（三）跛行模式

是指整车最高车速不超过 30km/h。

（四）待机模式

是指整车无扭矩输出，即在上电状态下踩油门踏板，整车无任何响应。跛行和待机模式都是在整车控制器接收到相关控制指令后，判断车速低于 5km/h 时再执行，直到再次接收到正常指令后恢复为正常模式。

若在信号不良或其他特殊情况下，整车控制器未及时接收到相关指令，则监控平台会持续发送，直到车辆恢复信号且在安全情况下，整车控制器才会继续响应执行。具体报文定义见表 6-1。

表 6-1　GPS 远程锁车流程的发送报文示意

GPS 发送报文														
GPS Msg2	OX18F FC162	Rat 200ms	1		整车工作模式	—	2	1	0	0	3	—	0	无效	30s 采集一次上传
													1	正常工作模式	
													2	跛行模式	
													3	待机模式	
				3,4	车载终端厂代号	—	2	1	0	0	3	—	预留	—	—
				5	GPS 天线连接状态	—	1	1	0	0	1	—	0	已连接	30s 采集一次上传
													1	未连接	
				6	GPS 天线连接状态	—	1	1	0	0	1	—	0	已连接	
													1	未连接	
				7	TF 卡连接状态	—	1	1	0	0	1	—	0	已连接	
													1	未连接	
				8	SIM 卡连接状态	—	1	1	0	0	1	—	0	已连接	
													1	未连接	

三、实现目标

本功能不但能够及时了解车辆的当前运行状态，掌握电池、电动机等零部件的信息，积累大量的实车数据，为后续优化升级及产品研发提供了宝贵的信息，更重要的是，让车辆监管更为高效、便捷。

该技术以车载智能信息终端系统为核心，以车载 CAN 总线为信息点，为汽车提供定位、实时信息采集并上传，实现远程 OBD 诊断、报警，能够向用户直观便捷地显示行车信息、故障信息等，方便用户了解车况和处理故障，提供便捷的汽车维修服务，同时也是汽车对外通信的平台和接口。

该技术实现基于车载信息模块的智能化功能，解决了当前的人车网络信息单一、操控烦琐等常见问题，目前，该技术被应用于某集团旗下的某些型号汽车中，该技术在天津、郑州等地共计 2000 余台车辆内安装，对营运车辆进行了有效监管，取得了良好的市场反应。

附　　录

附录 A　名词术语及解释

一、传感器 Sensor

能感受规定的被测量并按照一定的规律转换成可用输出信号的器件或装置。通常由敏感元件和转换元件组成。

二、敏感元件 Sensitive Element

是指传感器中能直接（或响应）被测量的部分。

三、转换元件 Conversion Element

指传感器中能将敏感元件感受（或响应）的被测量转换为适于传输和（或）测量的电信号部分。

四、变送器 Transmitter

当输出为规定的标准信号时，则称为变送器。

五、测量范围 Measuring Range

在允许误差限内被测量值的范围。

六、量程 Range

测量范围上限值和下限值的代数差。

七、精确度 Precision

被测量的测量结果与真值间的一致程度。

八、重复性 Repetitive

在所有下述条件下，对同一被测量进行多次连续测量所得结果之间的符合程度：

（一）相同测量方法
（二）相同观测者
（三）相同测量仪器
（四）相同地点
（五）相同使用条件
（六）在短时期内的重复

九、分辨力 Resolution

传感器在规定测量范围内可能检测出的被测量的最小变化量。

十、阈值 Threshold Value

能使传感器输出端产生可测变化量的被测量的最小变化量。

十一、零位 Zero

使输出的绝对值为最小的状态，例如平衡状态。

十二、激励 Incentive

为使传感器正常工作而施加的外部能量（电压或电流）。

十三、最大激励 Biggest Motivation

在市内条件下，能够施加到传感器上的激励电压或电流的最大值。

十四、输入阻抗 Input Impedance

在输出端短路时，传感器输入端测得的阻抗。

十五、输出 Output

有传感器产生的与外加被测量成函数关系的电量。

十六、输出阻抗 Output Impedance

在输入端短路时，传感器输出端测得的阻抗。

十七、零点输出 Zero Output

在室内条件下，所加被测量为零时传感器的输出。

十八、滞后 Lag

在规定的范围内，当被测量值增加和减少时，输出中出现的最大差值。

十九、迟后 Later

输出信号变化相对于输入信号变化的时间延迟。

二十、漂移 Drift

在一定的时间间隔内，传感器输出中有与被测量无关的不需要的变化量。

二十一、零点漂移 Zero Drift

在规定的时间间隔及室内条件下，零点输出时的变化。

二十二、灵敏度 Sensitivity

传感器输出量的增量与相应的输入量增量之比。

二十三、灵敏度漂移 Sensitivity Drift

由于灵敏度的变化而引起的校准曲线斜率的变化。

二十四、热灵敏度漂移 Thermal Sensitivity Drift

由于灵敏度的变化而引起的灵敏度漂移。

二十五、热零点漂移 Thermal Zero Drift

由于周围温度变化而引起的零点漂移。

二十六、线性度 Iinearity

校准曲线与某一规定直线一致的程度。

二十七、非线性度 Nonlinearity

校准曲线与某一规定直线偏离的程度。

二十八、长期稳定性 Long – Term Stability

传感器在规定时间内仍能保持不超过允许误差的能力。

二十九、固有频率 Natural Frequency

在无阻力时，传感器的自由（不加外力）振荡频率。

三十、响应 Response

输出时被测量变化的特性。

三十一、补偿温度范围 Compensating Temperature Range

使传感器保持量程和规定极限内的零平衡所补偿的温度范围。

三十二、蠕变 Creep

当被测量对象的多个环境条件保持恒定时，在规定时间内输出量的变化。一般而言，是指当固体材料在保持应力不变的条件下，应变随时间延长而增加的现象。

三十三、绝缘电阻 Insulation Resistance

如无其他规定，指在室温条件下施加规定的直流电压时，从传感器规定绝缘部分之间测得的电阻值。

附录 B　相关的技术标准

GB/T 14479—1993 传感器图用图形符号

GB/T 15478—2015 压力传感器性能试验方法

GB/T 15768—1995 电容式湿敏元件与湿度传感器总规范

GB/T 13823.17—1996 振动与冲击传感器的校准方法　声灵敏度测试

GB/T 18459—2001 传感器主要静态性能指标计算方法

GB/T 18806—2002 电阻应变式压力传感器总规范

GB/T 18858.2—2012 低压开关设备和控制设备　控制器　设备接口（CDI）第2部分：执行器传感器接口（AS–i）

GB/T 18901.1—2002 光纤传感器　第1部分：总规范

GB/T 19801—2005 无损检测　声发射检测　声发射传感器的二级校准

GB/T 7665—2005 传感器通用术语

GB/T 7666—2005 传感器命名法及代码

GB/T 11349.1—2018 机械振动与冲击　机械导纳的试验确定　第1部分：基本术语与定义、传感器特性

GB/T 20521—2006 半导体器件 第 14-1 部分：半导体传感器 – 总则和分类

GB/T 14048.15—2006 低压开关设备和控制设备 第 5-6 部分：控制电路电器和开关元件 – 接近传感器和开关放大器的 DC 接口（NAMUR）

GB/T 20522—2006 半导体器件 第 14-3 部分：半导体传感器 – 压力传感器

GB/T 20485.11—2006 振动与冲击传感器校准方法 第 11 部分：激光干涉法振动绝对校准

GB/T 20339—2006 农业拖拉机和机械 固定在拖拉机上的传感器联接装置 技术规范

GB/T 20485.21—2007 振动与冲击传感器校准方法 第 21 部分：振动比较法校准

GB/T 20485.13—2007 振动与冲击传感器校准方法 第 13 部分：激光干涉法冲击绝对校准

GB/T 13606—2007 土工试验仪器 岩土工程仪器 振弦式传感器 通用技术条件

GB/T 21529—2008 塑料薄膜和薄片水蒸气透过率的测定 电解传感器法

GB/T 20485.1—2008 振动与冲击传感器校准方法 第 1 部分：基本概念

GB/T 20485.12—2008 振动与冲击传感器校准方法 第 12 部分：互易法振动绝对校准

GB/T 20485.22—2008 振动与冲击传感器校准方法 第 22 部分：冲击比较法校准

GB/T 7551—2008 称重传感器

GB 4793.2—2008 测量、控制和实验室用电气设备的安全要求 第 2 部分：电工测量和试验用手持和手操电流传感器的特殊要求

GB/T 13823.20—2008 振动与冲击传感器校准方法 加速度计谐振测试通用方法

GB/T 25110.1—2010 工业自动化系统与集成 工业应用中的分布式安装 第 1 部分：传感器和执行器

GB/T 20485.15—2010 振动与冲击传感器校准方法 第 15 部分：激光干涉法角振动绝对校准

GB/T 26807—2011 硅压阻式动态压力传感器

GB/T 20485.31—2011 振动与冲击传感器的校准方法 第 31 部分：横向振动灵敏度测试

GB/T 13823.5—1992 振动与冲击传感器的校准方法 安装力矩灵敏度测试

GB/T 13823.6—1992 振动与冲击传感器的校准方法 基座应变灵敏度测试

GB/T 13823.9—1994 振动与冲击传感器的校准方法 横向冲击灵敏度测试

GB/T 13823.12—1995 振动与冲击传感器的校准方法 安装在钢块上的无阻尼加速度计 共振频率测试

GB/T 13823.14—1995 振动与冲击传感器的校准方法 离心机法一次校准

GB/T 13823.15—1995 振动与冲击传感器的校准方法 瞬变温度灵敏度测试法

GB/T 13823.16—1995 振动与冲击传感器的校准方法 温度响应比较测试法

GB/T 13866—1992 振动与冲击测量 描述惯性式传感器特性的规定

参 考 文 献

［1］工信部.工业互联网创新发展行动计划（2021－2023 年）［R/OL］.［2020－12－22］.

［2］工信部等八部门.物联网新型基础设施建设三年行动计划（2021－2023 年）［R/OL］.
　　　［2021－09－29］.

［3］深圳市工业和信息化局.深圳市推进工业互联网创新发展行动计划（2021－2023）［R/
　　　OL］.［2021－08－26］.

［4］深圳市物联网产业协会.2022 年深圳市物联网产业白皮书［R/OL］.［2022－07－22］.

［5］林雪萍.传感器的未来大趋势［EB/OL］.［2022－08－11］.

［6］李俨.合力打造智慧工厂，推动 5G 应用向纵深迈进［EB/OL］.［2022－08－12］.

［7］田裕鹏，姚恩涛，李开宇.传感器原理［M］.3 版.北京：科学出版社，2007.